MILAGRES REPARADORES

Colaborando com Deus
para curar um coração enlutado

PAM VREDEVELT

Milagres reparadores

LIGHT SOURCE BOOKS

Publicado por Light Source Books

Impresso nos Estados Unidos da América.

ISBN-13: 978-0-9976876-8-2

www.mendingmiracles.com

O QUE AS PESSOAS DIZEM SOBRE MILAGRES REPARADORES

Pam Vredevelt escreve com uma honestidade revigorante e uma profunda capacidade de identificação. Em *Milagres Reparadores*, sua trajetória pessoal e as histórias poderosas que ela compartilha, juntamente com passos práticos e cheios de fé, oferecem um caminho claro para a cura emocional e uma conexão mais profunda com Deus. Este livro é um salva-vidas para corações feridos e um companheiro confiável para qualquer pessoa que busque uma plenitude duradoura.

Mary Kruse, ***diretora da Walk to Emmaus Texas***

Nesta obra profunda, Pam Vredevelt não apenas oferece conselhos, mas nos convida a encontrar o coração de Deus em meio à nossa dor mais profunda. Com base em décadas de experiência terapêutica e na dor crua de perder um filho, Pam entrelaça a sabedoria da neurociência, das Escrituras e da narrativa pessoal para iluminar um caminho de cura. Este livro não é apenas um guia, é uma jornada sagrada rumo à restauração, onde o Espírito nos encontra em nossa fragilidade e nos conduz à plenitude.

A autenticidade e vulnerabilidade de Pam criam um ambiente em que o leitor consegue lidar com sua própria dor e encontrar consolo na presença de um Deus amoroso. Suas reflexões nos desafiam a ir além da mera sobrevivência e a entrar na plenitude da vida que Deus deseja para nós.

Esta é uma leitura indispensável para todos que buscam cura após uma perda, pois oferece não apenas esperança, mas um caminho tangível para a renovação emocional e espiritual. Em um mundo que muitas vezes ignora a dor, Pam nos convida a desacelerar, a viver o luto com verdade e a confiar no poder redentor do amor de Deus. *Milagres Reparadores* é uma estrela polar brilhante para aqueles que navegam pelos mares tempestuosos do sofrimento, oferecendo orientação, consolo e coragem para seguir adiante.

Jamie Winship, *fundador da Identity Exchange; autor best-seller de* Living Fearless: Exchanging the Lies of the World for the Liberating Truth of God

Neste livro inovador, Pam conduz você em uma jornada íntima pelas sombras turbulentas do luto, iluminando um caminho guiado pelo Espírito em direção à plenitude. Com uma honestidade inabalável, ela entrelaça histórias de quarenta anos como terapeuta e a perda devastadora de seu filho de dezesseis anos com ideias transformadoras extraídas da pesquisa em neurociência, da sabedoria bíblica e de líderes intelectuais mundiais. Esta obra transformadora não é apenas um guia, mas um verdadeiro chamado à conexão e à esperança. Ela abre caminho para encontros pessoais com Deus, nos quais você descobrirá que o Amor redentor está sempre ao seu alcance, ansioso para curar seu coração partido.

John Van Deist, *editor associado aposentado da Tyndale; fundador Multnomah Publishers, autor de best-sellers*

Quando a dor e o luto entram em nossas vidas, podemos ou não encontrar um amigo que nos acompanhe. Como podemos esperar que outros se aventurem nos caminhos estranhos e difíceis em que nos encontramos? Os verdadeiros amigos que nos acompanham e realmente compreendem nossa dor são raros e valiosos. Pam Vredevelt é esse tipo de amiga.

Acima de tudo, só quero dizer: "Uau!". A escrita de Pam é tão calorosa, colorida, perspicaz, sábia e cheia de emoção. Ela nunca mantém o leitor à distância. Uma vez que aceitamos seu convite para entrar na experiência transformadora que ela nos oferece, somos levados pela verdade e pela beleza, talvez até a lugares de cura que nunca imaginamos alcançar. Pam percorreu os caminhos sombrios da dor, onde a angústia perdura. Foi lá que ela encontrou a mão terna de Deus, que reparou o que estava quebrado, reacendeu a esperança e lhe ofereceu vislumbres do amor do céu. Quer você esteja passando por um luto ou simplesmente buscando uma conexão mais profunda com Deus, *Milagres Reparadores* é um convite sagrado à presença curativa de Deus, um guia gentil para o consolo, a clareza e os milagres silenciosos da renovação.

Larry Libby, ***editor sênior aposentado da Multnomah Publishers/Penguin Random House; autor best-seller de vinte e cinco livros, incluindo Someday Heaven, Who Made God? e Angels, Angels Everywhere.***

Todos nós enfrentamos perdas, seja a morte de um ente querido, um relacionamento rompido, um sonho perdido ou uma mudança que altera nossa vida. Mas navegar pela dor de uma maneira que leve a uma cura verdadeira e duradoura? Isso é um dom raro. Pam Vredevelt, uma conselheira profissional experiente com um dom divino para a restauração, traz sabedoria e graça incomparáveis ao caminho da cura. Neste livro poderoso, ela atua como uma guia compassiva, ajudando você com delicadeza, mas com firmeza, a juntar os pedaços quebrados do seu coração.

Com a precisão de um cirurgião experiente, ela não apenas ajuda você a lidar com a dor, mas também mostra como reparar e curar em um relacionamento profundo e íntimo com Deus. Em um mundo que muitas vezes silencia as feridas da alma, Pam nos encoraja a cuidar do nosso bem-estar emocional e espiritual com o mesmo cuidado e intencionalidade que aplicamos à nossa saúde física.

Pam é uma das curadoras mais guiadas pelo Espírito de nosso tempo: sua perspicácia, sabedoria e amor transformarão sua experiência da dor. Se você já enfrentou uma dor emocional ou conhece alguém que já passou por isso, este livro é uma leitura essencial. Todos os seus conhecidos precisam dele. Não é apenas um livro, é um plano para a restauração e o florescimento. Não espere mais. Caminhe rumo à liberdade emocional e à plenitude que você tanto deseja.

Jenny Donnelly, ***fundadora do Her Voice Movement***

Milagres Reparadores é mais do que um livro: é um guia confiável para qualquer pessoa que esteja passando por uma perda e um luto. Nestas páginas, Pam convida calorosamente os leitores a se conectarem com o ritmo do coração de Deus, um coração que bate incansavelmente pela redenção e restauração. Com base na sabedoria das Escrituras e em sua própria experiência pessoal e profissional, ela compartilha verdades poderosas que revelam um Deus que não apenas leva você à vitória, mas permanece ao seu lado em sua dor. Nesta jornada transformadora, aprendemos a nos aproximar de Deus—quer o nosso coração esteja transbordando de alegria e gratidão, quer esteja ferido e em lamento pelas contradições dolorosas da vida.

Estou cheio de expectativa pelo impacto que este livro terá no Reino, não apenas em nossa igreja, mas em toda a nossa comunidade. Creio que a cura está a caminho.

Bret Williams, ***pastor principal, Igreja Fireworks,***
San Antonio, Texas

A narrativa sincera e a corajosa honestidade de Pam criam uma profunda conexão com o leitor, convidando-nos a compartilhar sua agonia de dor e seus encontros íntimos com Deus. Por meio de histórias cruas e relacionáveis, ela abre um caminho para que cada um de nós experiencie Deus como nosso companheiro na cura. Sua capacidade de expressar as lutas que enfrentamos, ao mesmo tempo em que oferece uma orientação prática, nos prepara para enfrentar não apenas nossas feridas mais profundas, mas também os desafios diários que nos fazem perguntar: "E agora?". Este livro é um salva-vidas para qualquer pessoa que busque esperança, cura e um relacionamento vivificante com Deus. Uma leitura obrigatória para aqueles que anseiam por maior clareza e liberdade após qualquer tipo de perda decepcionante.

Debbie Woods, ***farmacêutica***

Se você já passou pela escuridão da dor, ou acompanhou alguém que passou, sabe como isso pode ser isolador e assombroso. Mas e se a cura não precisasse ser tão dolorosa e solitária como muitas vezes parece? E se você tivesse um amigo sábio para ajudá-lo a iluminar o caminho, oferecendo ferramentas práticas e a graça para a cura?

Milagres Reparadores é uma leitura obrigatória para qualquer pessoa que busque plenitude emocional ou que apoie outras pessoas em uma transição dolorosa. Não perca essa oportunidade. Experimente o poder transformador do amor redentor e compartilhe-o com seus amigos que precisam.

Hannah Donnelly, ***cantora e compositora @hannahjewelmusic***

Com sincera compaixão, o livro de Pam leva você a olhar para dentro de si mesmo e abrir sua alma para receber o amor curativo de Deus. Seu livro, que convida à reflexão e comove profundamente, vai causar arrepios, lágrimas e alegria. Com base em quarenta anos de experiência pessoal e clínica,

Pam escreve com o coração, revelando o amor incondicional de Deus para ajudá-lo a viver a vida em todo o seu potencial.

Dra. Anita Myers, *dentista restauradora premiada*

Adoro este livro e pretendo compartilhá-lo com muitas pessoas. *Milagres Reparadores* me ajudou a compreender os danos duradouros causados pela dor não processada e como Deus pode curá-la. Pam combina uma profunda visão pessoal, clareza científica e anos de experiência para oferecer passos práticos rumo à plenitude emocional. Depois de sofrer várias perdas importantes, não me sinto mais emocionalmente apática: a alegria agora faz parte da minha vida cotidiana. Recomendo vivamente a leitura deste livro e o trabalho interior. O que tem a perder?

Donna Chaney, *beneficiária agradecida*

Milagres Reparadores muda a sua vida! O luto é uma jornada difícil e profundamente pessoal, mas, por meio de seu modelo transformador "Conversas de Amor", Pam demonstra uma conexão profundamente comovente com Deus que convida você a experimentar Deus pessoalmente e receber tudo o que você precisa. Sua abordagem integradora é baseada na fé, nas Escrituras e em uma poderosa visão científica que aborda a pessoa como um todo: corpo, alma e espírito. Conversas de Amor catalisará a transformação no mais profundo do seu ser. Se você está passando por dificuldades ou simplesmente anseia por algo mais, *Milagres Reparadores* irá acompanhá-lo em sua situação atual e guiá-lo com amor para uma maior paz e um propósito maior.

Karen Bressel, *mulher de fé*

Milagres Reparadores é para qualquer pessoa que tenha experimentado qualquer tipo de perda. Com seu estilo honesto, aberto e vulnerável, Pam nos mostra que, por mais sutil ou grande que seja nossa perda, quando nos associamos a Deus, Ele pode nos ajudar a transformar nossa dor, confusão e solidão, em compreensão, beleza e amizade com Ele. Neste livro que muda vidas, Pam vai além de oferecer encorajamento e conselhos. Ela nos dá passos práticos e nos ensina como dar vida à esperança, contar nossa história, descobrir a proximidade do Senhor, ouvir Deus e encontrar a verdade que liberta a cura, o propósito e a paz. Obrigada, Pam, por compartilhar sua história e seus dons.

Reagan Miller, ***fundadora de Finding Virtue, um movimento que ajuda os homens a criarem seus filhos para que vivam a verdade de Deus em ação***

DEDICATÓRIA

Embora eu tenha refletido sobre os temas deste livro por mais de quarenta anos, *Milagres Reparadores* foi escrito ao longo de dois anos marcados por uma importante mudança para o outro lado do país e uma profunda mudança na minha vida. Não é o trabalho de um acadêmico ou teólogo, mas o resultado de uma jornada profundamente pessoal. Estas páginas surgem da experiência vivida de uma esposa, mãe, pesquisadora, conselheira profissional e companheira de viagem que busca a Deus em meio às exigências diárias, às temporadas de alegria e aos vales de trauma e perda.

Minha esperança é que *Milagres Reparadores* o aproxime um pouco mais de encontros reais e que curam alma com o Deus vivo, que promete se encontrar com você na dor, redimir o que foi quebrado e restaurar o que foi perdido.

Este livro é dedicado a você e a todos os companheiros de viagem no caminho rumo à esperança e à plenitude.

ÍNDICE

PRÓLOGO

O SONHO

Ofegante, sentei-me na cama, atônita com suas últimas palavras: *"Redimir a perda"*. Um mistério pairava denso no ar da meia-noite. Esfregando os olhos, perguntei-me se algo de eternamente significativo estava acontecendo.

A ciência do cérebro diz que você e eu temos, em média, de três a cinco sonhos por noite. A maioria dos meus acaba no esquecimento, mas este não. Esse sonho, uma experiência corporal em tecnicolor como nenhuma outra que eu já tivera, me atormentou por semanas.

Enquanto dormia profundamente, eu estava completamente desperta em outro mundo, voando em um avião jumbo para me encontrar com John Vandiest, diretor de operações de uma editora. Décadas haviam se passado desde que assinei meu primeiro contrato de livro com a empresa dele, para *Empty Arms: Hope and Emotional Support for Those Who Have Suffered a Miscarriage, Stillbirth, or Tubal Pregnancy (Braços Vazios: Esperança e Apoio Emocional para Quem Sofreu um Aborto Espontâneo, Natimorto ou Gravidez Ectópica).*

Em algum lugar além do tempo, do espaço e da minha consciência, o sonho se desenrolava como se eu estivesse assistindo a um filme em um cinema local.

> Estou empurrando uma mala do saguão de um grande hotel, descendo por um corredor em direção ao meu quarto.

Ouço o clique de um trinco e uma porta se abre à minha direita. Para minha grande surpresa, Hannah Donnelly entra no corredor.[1] Rindo alto, abro os braços, a abraço com força e digo: "Hannah Donnelly! O que você está fazendo aqui?".

Com um sorriso radiante, ela responde: "Estou indo para o encontro!".

Trocamos algumas palavras e combinamos de colocar o papo em dia mais tarde. Continuei pelo tapete lituano verde-mar e azul-fumaça em direção ao meu quarto.

Justo à minha frente, uma porta se fecha com um estrondo, tirando-me dos meus pensamentos agradáveis sobre os biscoitos quentinhos do saguão. Amy Grant entra no corredor à minha direita.[2]

Agradavelmente surpresa, nos abraçamos com alegria e eu digo: "Amy Grant! Que alegria vê-la! O que você está fazendo aqui?".

Com seu estilo amável, Amy sorri calorosamente e diz: "Estou indo para o encontro!".

Nós três não sabemos a ordem do dia. Só sabemos que é imprescindível comparecer.

Quando chega a hora, entramos juntas em uma grande sala cercada por espelhos que vão do chão ao teto. O local da reunião me lembra um grande estúdio de balé ou de ginástica, mas diferente. As tábuas do piso, de madeira marrom escura, parecem mais com as de um antigo palco de teatro muito usado do que com uma superfície de dança bem polida.

Vejo o editor-chefe de pé do outro lado da sala, com vários livros grandes nos braços. Ansiosa por cumprimentá-lo, caminho em sua direção, com Hannah e Amy me seguindo de perto.

Cumprimentamo-nos como bons amigos que não se vêem há anos. Cheia de curiosidade, não consigo evitar perguntar-lhe: "John, o que estamos a fazer aqui?".

Ele entrega um livro para cada uma de nós e diz: "Eu as convidei aqui para ler um roteiro".

Sem ter nenhuma referência para esse tipo de coisa, me pergunto como posso contribuir com algo de valor que mereça o tempo dele. Na tentativa de aliviar minha angústia, pergunto: "Sobre o que é o roteiro?".

John inclina a cabeça para a esquerda, olha para mim como se estivesse escondendo um segredo e responde: "Redimir a perda".

Porque Deus fala repetidamente, mesmo que as pessoas não reconheçam isso. Ele fala em sonhos, em visões noturnas, quando o sono profundo toma conta das pessoas enquanto elas estão deitadas em suas camas.[3]

Vamos voltar 40 anos no tempo

Lembro-me de ter me deparado com um mistério semelhante depois que nosso primeiro bebê morreu no meio da gravidez. Fui à minha consulta de cinco meses com um vestido colorido de maternidade, animada para ouvir os batimentos cardíacos do nosso bebê. Em vez disso, ouvi o médico dizer: "Não estou detectando batimentos cardíacos, Pam. Não parece haver nenhum movimento fetal. Acho que o bebê morreu. Não sei por quê, mas saberemos mais depois do parto".

Quarenta e oito horas depois, meu marido, John, e eu saímos do hospital com o coração partido e os braços vazios.

Éramos um casal jovem e não estávamos preparados para o devastador golpe emocional.

Quanto mais você ama, mais dói. Quanto mais profundo é o vínculo, mais profunda é a dor.

Começamos a longa e sombria jornada do luto fazendo as mesmas perguntas que você faria: *O que fazemos? Por onde começamos? Como recolhemos os pedaços e reparamos nossos corações despedaçados?*

Algumas semanas depois, voltei a nadar no nosso clube esportivo, chorando enquanto ia e vinha pela piscina. Naquele dia, Deus ouviu muitas reclamações: *Deus, rezamos todos os dias pelo nosso bebê! Por que você não respondeu? Como algo bom pode sair disso? Qual é o sentido disso? Você existe? Deus, preciso de perspectiva!*

No final do meu desabafo emocionado, para minha surpresa, a imagem de um livro apareceu na minha mente. Instantaneamente, soube que era um livro para mães e pais inconsoláveis que choravam a perda de seu bebê. Embora não fizesse muito sentido, algo naquela imagem estava preparando o cenário para um propósito maior.

Eu nunca tinha escrito um livro e não sabia nada sobre o processo.

Estavam me convidando a escrever? Eu não sabia. Francamente, a ideia me parecia assustadora.

No dia seguinte, liguei para uma amiga mentora que era escritora publicada e contei-lhe a minha experiência na piscina. Sem hesitar, ela disse: *"Quero ver os três primeiros capítulos da sua história até segunda-feira"*. Era sexta-feira.

Sua insistência me incomodou. Respondi bruscamente: *"Nem pensar. Não estou preparada para isso!"*.

Ela escolheu cuidadosamente suas palavras, envolvendo a verdade com compaixão: *"Pam, você precisa fazer isso agora e aproveitar sua experiência atual. Sua perspectiva mudará com o tempo"*.

Embora não quisesse admitir, a verdade ressoou em mim.

Relutante, no dia seguinte comecei a despejar minha história em um bloco de papel pautado. Quanto mais escrevia, mais rápido minha caneta se movia pela página. Eu não sabia se conseguia escrever bem, nem se o que escrevia seria relevante para alguém. Simplesmente segui o que percebi como uma inspiração divina.

Alguns meses depois, enviei três capítulos e um resumo do livro para várias editoras diferentes. Algumas nunca responderam. Mas, para minha surpresa, os representantes de três empresas quiseram se reunir comigo para discutir um contrato. No final, assinei com a Multnomah/Penguin Random House porque me pareceu a opção mais adequada para mim.

No ano seguinte, *Empty Arms* foi publicado. Liz Haney, minha editora, entrou no meu quarto do hospital em 13 de junho, onde eu embalava alegremente nossa filha recém-nascida, Jessie. Ela me entregou meu primeiro exemplar do livro, recém-saído da gráfica, sorriu e disse: "Você não terá mais os braços vazios!".

Pouco depois de levar Jessie para casa, Liz me ligou para dizer que *Empty Arms* era finalista do prêmio Golden Medallion Book Award. Eu não sabia o que isso significava, mas ela parecia encantada. Supus que significava que alguém, em algum lugar, achava que meus escritos tinham valor. Sinceramente, Liz tem um talento extraordinário. Ela pegou o que eu lhe enviei e transformou água em vinho. Até hoje, aquele pequeno livro continua oferecendo esperança e consolo a mães e pais aflitos em todo o mundo.

Depois do sonho

As repetições de John Vandiest entregando o roteiro para Hannah, Amy e eu continuavam me atormentando. Deus estava me dizendo algo no sonho? Se sim, qual era a mensagem?

No passado, talvez eu tivesse atribuído o sonho ao fato de ter comido pizza demais. Mas agora não. Sou melhor em ouvir e prestar atenção a Deus do que era há três décadas.

Também aprendi a fazer perguntas a Deus e a estar atenta às respostas que chegam na forma de sussurros, sinais, sonhos e imagens. A linguagem do amor de Deus é muito criativa e se adapta a cada pessoa.

Presto atenção porque simplesmente não quero perder nada do que Deus possa me pedir para fazer por um bem maior. Por que se convencer de que você não deve aceitar algo para o qual Deus pode estar te convidando? É muito mais divertido explorar as possibilidades.

Muitos anos se passaram desde a última vez que John Vandiest e eu conversamos. Ele tinha pelo menos vinte anos a mais que eu. Sem saber se ele ainda estava vivo ou onde morava, entrei em contato com seu genro, Don Jacobson, que também é um líder proeminente no mundo editorial.

Don teve a gentileza de me dar o número de telefone pessoal de John. Em menos de uma hora, John e eu desfrutamos de um feliz reencontro, colocando a conversa em dia sobre a família e outros assuntos importantes.

Levei algum tempo, mas finalmente reuni coragem para explicar o motivo da minha ligação. Sinceramente, me sentia um pouco desconfortável. Não é comum para mim ligar espontaneamente para um líder do setor para falar sobre um sonho pessoal. Nem todo mundo se sente à vontade para falar sobre assuntos como esse.

Procurando uma maneira desajeitada de fazer isso, comecei: *John, talvez essa ligação o deixe tão desconcertado quanto a mim, mas recentemente tive um sonho muito vívido e você apareceu nele. Sinto que pode ter algum significado importante, mas não tenho certeza. Gostaria de saber se posso descrever o sonho para você e se você poderia compartilhar suas opiniões comigo.*

John foi muito gentil e ouviu atentamente os detalhes. Genuinamente interessado, ele fez várias perguntas durante nossa conversa e sugeriu que eu entrasse em contato com pessoas específicas.

Após nossa conversa, fiz uma pausa para orar e refletir.

Depois de viver no noroeste do Pacífico por mais de quarenta anos, nossa família estava passando por uma importante transição na vida. Nossos filhos adultos e netos nos surpreenderam uma noite com uma notícia curiosa. Eles disseram que acreditavam que Deus os estava guiando para se mudarem para a região montanhosa do Texas e que não queriam ir sem nós. Eles nos pediram para orarmos para decidir se iríamos com eles.

Para resumir uma longa história, em uma semana, John e eu percebemos separadamente que o Senhor estava nos encorajando a ir. Os detalhes sobre onde nos instalaríamos no Texas ainda não estavam definidos, mas concordamos em nos mudar com a família. Nos meses seguintes, empacotamos nossos pertences, vendemos nossas casas e buscamos a orientação de Deus.

Assim como minha experiência após a perda do nosso bebê, a ideia de um projeto de escrita me parecia assustadora em meio a mudanças tão grandes. Mas eu não conseguia tirar da cabeça o sonho e o eco da voz que sussurrava: *redimir a perda*. A paz veio ao saber que, quando Deus inicia um plano, Ele orquestra as formas de realizá-lo, muitas vezes por meios que não podemos antecipar. Eu só precisava prestar atenção, confiar e seguir Sua orientação.

Notas de Cliff: buscando a sabedoria de Deus

Senti a necessidade de ligar para minha amiga Cindy,[4] uma líder criativa dotada de discernimento. Eu estava curiosa para saber como ela interpretaria o sonho. Ela ouviu e compartilhou suas perspectivas intuitivas enquanto eu fazia muitas anotações. Essas anotações, combinadas com as do meu caderno de orações, resultaram em um breve resumo de significados:

- **Hannah e Amy** - essas mulheres são artistas vocais que representam duas gerações e mercados distintos, e compartilham seu talento tanto em plataformas religiosas quanto nas principais plataformas comerciais.

- **Cantoras** - são narradoras musicais que usam suas vozes para tecer memórias, despertar emoções e transportar os ouvintes para uma experiência. Suas canções são tanto um mapa quanto uma mensagem, que guiam tanto os corações quanto as mentes.

- **Uma mensagem oportuna é algo de que várias gerações precisam, abrangendo diferentes grupos.**

- **Avião**: símbolo de viajar a novas alturas na consciência espiritual, no discernimento e na influência.

- **Corredor de hotel**: um corredor é um espaço de transição que simboliza a passagem de uma fase da vida para a seguinte. É um local de conexão que une o passado ao futuro, um quarto ao seguinte e as pessoas a novas experiências. Pode despertar emoções contraditórias: emoção, vulnerabilidade e apreensão, pois a transição representa tanto a incerteza quanto o potencial do que está por vir.

- Corredor à **esquerda:** simboliza as coisas que você recebe.

- Portas à **direita**: simbolizam a oportunidade,[5] o acesso a Deus,[6] algo pelo qual você passa e tem fé para liberar e doar.[7]

- **Três quartos distintos,** cada um simbolizando uma mentalidade única alcançada por meio de diferentes modos de compromisso.

- **Roteiro:** um meio que dá vida a uma história, permitindo ao público ver, ouvir e experienciar sua mensagem. Descreve as cenas, fornece diálogos e oferece um guia detalhado para as interações dos personagens, tornando a narrativa vívida e acessível.

- **Leitor de um roteiro:** aquele que se coloca no papel de um personagem e dá vida a uma história. O leitor interpreta a palavra escrita e imita criativamente[8] um personagem da maneira que melhor envolve todos os sentidos humanos para obter o máximo impacto.

- **Palco desgastado:** uma plataforma marcada pelo tempo e pelo uso, onde uma mensagem refinada pela prática ganha nova vida a cada narração. Assim como uma luva desgastada ou um par de sapatos favoritos, a mensagem se encaixa com facilidade, moldada pela experiência e potencializada pela transformação, tanto em quem a transmite quanto em quem a recebe.

- Prepara-se um cenário para demonstrar o amor redentor de Deus.[9]

- **Estúdio de dança:** um espaço dedicado à aprendizagem e à prática da dança com música e movimento, que oferece um ambiente seguro e propício no qual pessoas de todas as idades e níveis de habilidade podem crescer por meio do treinamento prático e experiencial.

- **Espelhos:** a sala de encontros estava revestida de espelhos do chão ao teto, simbolizando a presença de Deus, onde o Espírito da Verdade revela a realidade suprema. Os espelhos refletem[10] imagens, permitindo-nos ver as coisas como elas são e a nós mesmos como somos. Em cada ser humano, os espelhos refletem a imagem de Deus, lembrando-nos de nossa conexão divina.

Passeando pela nossa propriedade com Deus

Hoje tive uma conversa com Deus enquanto caminhava pela propriedade. Muito do que conhecemos durante quarenta anos desapareceu. Vivemos em uma casa móvel no terreno enquanto construímos uma casa multi-geracional com nossos filhos adultos e netos.

Em meio a essas mudanças disruptivas, preciso de perspectiva. A seguir, uma versão resumida da minha conversa. O que sinto que Deus me diz está em itálico.

> Deus, quem Você diz que eu sou neste novo lugar e nesta nova fase da vida?
>
> *Você é perfume;*[11] *uma transformadora da cultura do Reino.*
>
> Acho que Você falou comigo no sonho. O que Você quer que eu faça?
>
> *Quero que você guie e proteja os de coração partido. Capacite aqueles que amo a cooperar comigo e a curar suas feridas, para que possam florescer e cumprir seus propósitos.*
>
> *É preciso ARRISCAR. Vá além da sua zona de conforto. Confie em Mim quanto aos resultados. Ofereça palavras, imagens e verdades que mostrem como ver, ouvir e caminhar comigo. Conte suas histórias de milagres e mistérios. Compartilhe nossas conversas e o que você já sabe. Você já tem tudo o que precisa.*

Seu incentivo para *arriscar* me lembra algumas palavras sábias que anotei há algum tempo em meu diário:

> Existem duas jornadas desafiadoras que todo crente sério deve percorrer para realmente florescer e amar como Você (Deus) amou: a primeira é a jornada para a vulnerabilidade escondida (a disposição de carregar fardos e se expor a riscos que ninguém mais consegue ver ou compreender completamente). A segunda é o sacrifício (a escolha voluntária de se voltar para a dor e a perda em nosso mundo e em nosso próprio coração, assim como Jesus fez, a fim de redimi-los).[12]

Um fio dourado se entrelaça no que Você está me dizendo agora e nessas palavras. Hoje digo "Sim" e aceito Seu convite. Entrego meu tempo, minha energia e meus dons a Você para esse propósito especial. Por favor, esclareçame os riscos que Você quer que eu assuma e me dê coragem para assumi-los.

Confio que Você me dará as palavras e as histórias que alcançarão os resultados que Você deseja. Confio que Você multiplicará o que é oferecido para o bem maior de cada pessoa que Você ama e chama pelo nome.

Obrigada por me convidar para esta aventura. Confio que Você orquestrará o caminho. Embora eu não saiba aonde Você nos levará, acredito que será bom.

Respire. Inspire profundamente. Expire lentamente.

Prontos pela fé, lá vamos nós...

Dois anos depois

O livro que você tem agora em suas mãos é o resultado de buscar a Deus em busca de significado em um sonho inesperado e de aceitar Seu convite para escrever novamente. Cada capítulo nasceu na solidão e foi moldado ao longo de horas e meses em uma pequena mesa dobrável em nosso trailer. Foi lá, na quietude e na rendição, que a mensagem foi tomando forma aos poucos.

Estas páginas contêm reflexões de uma viagem de quarenta anos, a minha, na companhia de muitos outros que também ansiavam pela verdade, pela esperança e pela cura. Convido você a me acompanhar, a ver o que aconteceu e a ouvir o que Deus também poderia sussurrar ao seu coração. Enquanto você lê, minha sincera oração é que você se sinta menos sozinho e que, ao longo do caminho, experiencie o mesmo consolo, clareza e paz curativa que me acompanharam enquanto escrevia as seguintes páginas para você.

Não é para onde seus sonhos o levam, mas para onde você leva seus sonhos.
Maya Angelou

1

VOCÊ NÃO ESTÁ SOZINHO

Deus, onde você estava? Eu estava lá, meu filho.
Eu era a paz. Eu era o alento. Eu era o consolo.
Lindsey O'Connor

Olá. Bem-vindo a um lugar seguro.

Suponho que você escolheu este livro porque está sofrendo ou porque alguém que você ama precisa de mais apoio. Quero garantir que você não está sozinho. Todos nós sentimos uma dor profunda e recorrente ao longo da vida. Sua dor é tão única quanto sua impressão digital.

Como você sabe, uma grande dor pode arrastá-lo para um buraco negro do qual parece impossível escapar.

Talvez seja por isso que você está aqui. Você não está sendo você mesmo. Não consegue se concentrar. Está exausto. Seus amigos e entes queridos precisam de você. Você quer se sentir melhor, mas não sabe como conseguir isso. O caminho para a cura é difícil de encontrar. No entanto, algo no fundo do seu ser lhe diz: "*É hora*".

É o momento de parar de afundar no abismo escuro e começar a avançar novamente em direção à luz. É hora de parar de esperar que você carregue sozinho essa dor pesada. É hora de parar de procurar dentro de si mesmo todas as respostas. É hora de começar a viver como foi intencionado: para superar a dor em amizade com Deus. Você se permitirá buscar formas de compartilhar os fardos pesados que têm esgotado sua vida?

Meu nome é Pam, e é uma honra e um privilégio para mim ajudá-lo a encontrar o caminho para a plenitude, onde você possa florescer no propósito que Deus lhe deu. Seu bem-estar é importante, especialmente para Deus e para aqueles que mais o amam. Quero oferecer tudo o que puder para ajudá-lo.

Nas páginas a seguir, espero transmitir a você um pouco do que aprendi durante quatro décadas como conselheira profissional licenciada e como companheira de viagem por vales escuros. Tive a sorte de ter sido treinada por gigantes incríveis nas áreas de terapia de trauma, neuropsiquiatria e luto (Bessel van der Kolk, Dan Siegel, Norm Wright, Warner Swarner e David Kessler, para citar alguns). Sou profundamente grata por tudo o que eles me ensinaram.

Por mais que tenha aprendido com esses pioneiros extraordinários, os professores mais excepcionais com quem aprendi e com quem trabalhei são Deus, minha família, meus mentores espirituais e as pessoas que atendi em consultório durante quatro décadas. Nas páginas seguintes, você poderá apreciar a influência que eles tiveram sobre mim.

Pergunto-me se na sua família se falava abertamente sobre como lidar com a perda e o luto quando era criança. A maioria das pessoas com quem falo não o fazia. Eu também não. E quatro anos de estudos de pós-graduação não me deram muitas pistas.

Há boas razões para a maioria de nós não saber o que dizer e, muitas vezes, nos sentirmos impotentes para ajudar as pessoas que sofrem, incluindo a nós mesmos. Com pouca consciência ou ferramentas, não é de se admirar que nos sintamos oprimidos e impotentes diante da força feroz da dor. Talvez você se preocupe, como eu me preocupava antes, que se permitir sentir suas emoções (tristeza, medo, raiva, culpa ou arrependimento), acabará se afogando nelas. Ou que, se falar sobre sua dor, as pessoas se sentirão desconfortáveis e se afastarão, deixando você ainda mais triste e solitário do que antes. Talvez o silêncio pareça mais seguro.

Essas são dificuldades comuns que também enfrentei depois que nosso primeiro bebê morreu repentinamente no meio da gravidez. Meu coração se partiu em mil pedaços. Eu não sabia por onde começar nem o que fazer. Pensamentos e emoções contraditórias se sucediam sem nenhuma progressão lógica.

Sério, houve momentos em que me perguntei secretamente se estava enlouquecendo.

Como uma jovem de vinte e poucos anos, eu tinha muita consciência de que resistia e bloqueava meus sentimentos. Parecia *mais fácil*, ou pelo menos mais *manejável*, ignorar a dor, reprimi-la e mantê-la sob controle, mantendo-me ocupada.

O problema é que *a evasão não é saudável. É um abandono de si mesmo.*

Quando ignoramos os sentimentos dolorosos, acabamos renunciando a uma parte muito importante de quem somos e de como Deus nos criou. Os terapeutas têm um nome elegante para esses esforços viciantes de fugir da realidade. Eles são chamados de mecanismos de enfrentamento desadaptativo e não funcionam. Pesquisas científicas dizem que eles causam mais danos do que benefícios.

Obviamente, há um momento e um lugar para deixar de lado ou desconectar os sentimentos dolorosos. Precisamos ser capazes de nos desconectar emocionalmente da dor para podermos estar presentes com nossa família e amigos, cuidar do nosso trabalho e gerenciar as responsabilidades diárias.

Mas colocar seu coração em espera indefinidamente roubará sua vitalidade, liberdade e qualidade de vida.

A verdade é que *aquilo a que você resiste, persiste.*

Vamos avançar rapidamente até depois da perda do nosso primeiro bebê. Nossa filha, Jessie, nasceu dois anos depois, no mesmo dia em que meu livro, *Empty Arms*, saiu da gráfica. Jessie chegou a este mundo cheia de energia, alerta, com os olhos brilhantes e observando atentamente tudo o que acontecia ao seu redor. Três anos depois, chegou nosso filho, Benjamin. Ao embalar nosso bebê, sólido, forte e com quase quatro quilos e meio, logo reconhecemos sua sensibilidade inata para com as pessoas e a música. Maravilhosamente satisfeitos por sermos uma família de quatro e nada mais, decidimos que "não teríamos mais filhos".

Então, de repente, fiquei grávida. Como isso era possível? Bem, eu sabia como era possível, mas não deveria ter sido assim! Tínhamos tomado todas as precauções. De alguma forma, esse bebê foi concebido apesar do método anticoncepcional infalível que usávamos há dezessete anos. Acho que não tínhamos tanto controle quanto eu pensava.

A vida tem a capacidade de nos ensinar que o "controle" é realmente uma ilusão.

Naquele momento, minhas emoções pareciam uma salada mista: um pedaço de culpa por aqui, uma ou duas fatias de raiva por ali, com um pouco de autopiedade polvilhada por cima para dar sabor. Culpa... porque eu tinha amigas que desejavam muito engravidar e não conseguiam, e lá estava eu, irritada porque o pequeno teste deu positivo. Raiva... porque meus planos tinham sido interrompidos e reorganizados. Autocomiseração... porque fiquei doente o dia todo, todos os dias, durante a maior parte da gravidez.

Quando estava grávida de três meses, fui convidada para falar em uma importante conferência de mulheres, mas não conseguia deixar de me perguntar por que estava lá, dada minha confusão interior.

Resumindo: eu estava irritada porque não *queria* estar doente nem grávida. Certa manhã, durante a conferência, tive um tempo livre, então pedi o café da manhã no meu quarto, li o Evangelho de João e escrevi meus pensamentos e sentimentos. Garanto que Deus ouviu tudo o que eu tinha a dizer.

Mas então, depois de desabafar, foi a vez *Dele*. Ao longo dos anos, houve momentos em que Deus deixou algo muito claro para mim, e este foi um deles. Enquanto lia João 15, duas frases familiares me impactaram de repente como uma enorme dose de sais aromáticos.

Jesus dizia: Eu sou a videira verdadeira, e o meu Pai é o viticultor.

Todo ramo em mim que não dá fruto, Ele o remove; e todo *ramo* que continua a dar fruto, Ele o poda repetidamente, para que produza mais fruto, um fruto ainda mais rico e mais apurado.[13]

O que senti que Deus estava me dizendo era: "Pam, você não está regredindo; você está sendo podada".

Naquele momento, veio-me à mente a imagem das três roseiras do nosso jardim da frente. Todos os verões, os arbustos produzem enormes rosas amarelas de caule longo que enchem a nossa casa com uma fragrância incrível. Colocadas num vaso sobre uma mesa, as flores parecem brilhar com uma luz dourada própria.

Mas no outono, John as poda. Ele as poda bastante. Quando ele termina com sua tesoura de podar, eu olho para aqueles tocos e penso: "Meu Deus, como esse homem é cruel. Pobres, parecem decapitadas!". Todo outono eu me pergunto se elas vão crescer novamente e... de fato, toda primavera elas transbordam vida com mais força do que no ano anterior.

Pam, você não está retrocedendo, está sendo podada.

Na quietude da presença de Deus, eu sabia que Ele estava planeando algo e que minha gravidez não O havia pegado de surpresa. Por alguma razão incompreensível, um bem maior estava agindo para produzir mais beleza e fragrância em minha vida.

Eu não sabia que nosso precioso bebê, Nathan, chegaria seis semanas antes do previsto, com um diagnóstico surpresa de síndrome de Down e complicações cardíacas graves. Mais tarde, contarei mais sobre Nathan, mas por enquanto quero me concentrar em você e na sua história.

Quando se enfrenta um fim, especialmente uma mudança não escolhida, é difícil descobrir como se adaptar a uma nova normalidade. As transições evocam emoções intensas, erráticas e difíceis.

Não queremos realmente reprimir nossos sentimentos. Algo dentro de nós nos avisa que não devemos enterrar nossas emoções vivas, mas muitas vezes é muito difícil não fazê-lo.

Isso lhe soa familiar?

O que torna tão difícil curar as feridas do nosso coração?

Nosso instinto natural como seres humanos é fugir da dor e buscar o prazer. Isso está integrado no nosso corpo para nos manter vivos. É por isso que nos parece contraintuitivo nos voltarmos intencionalmente para as emoções difíceis em vez de evitá-las.

Há muito tempo aprendi que boas intenções não curam. O que cura é agir.

Após minhas próprias perdas, eu sabia que precisava cuidar do meu coração partido. O consultório de aconselhamento me permitiu testemunhar de perto a devastação brutal e o impacto geracional da dor não resolvida em muitas famílias.

Por favor, agarre-se a esta importante verdade e não a deixe escapar.

Dor que não é transformada, é transmitida.

Lembra-se da lição sobre calor, energia e movimento na aula de física do ensino médio? A primeira lei da termodinâmica? Ela diz que a energia não é criada nem destruída, apenas se transforma de uma forma para outra. Em outras palavras, a energia não desaparece nem se vai. Ela apenas se move ou é usada de maneiras diferentes.

Então, o que a física tem a ver com o luto?

O luto é o intenso mal-estar físico e emocional que sentimos após qualquer tipo de perda ou trauma.

Aqui está uma maneira simples de pensar sobre as emoções: *E-moção= Energia em movimento.*

O luto é uma intensa força de energia em movimento que flui através do seu corpo. Você provavelmente se lembra de momentos após sua perda em que sentiu mais tensão no pescoço, no peito, no estômago, nas pernas, nos braços e no centro do seu ser.

O luto por uma perda é uma experiência que envolve todo o corpo. A marca da perda permanece em seu ser e seu corpo a registra.[14]

É por isso que é fundamental aprender a tratar proativamente as feridas emocionais com práticas que aproveitem e utilizem a energia do luto para alcançar uma mudança positiva.

Quando negligenciamos as feridas do nosso coração, não só nos prejudicamos a nós mesmos, mas também prejudicamos aqueles que mais amamos e apreciamos. A dor emocional não resolvida e não validada que permanece enterrada torna-se tóxica e prejudica nossa saúde e nossos relacionamentos.[15] Essa é a má notícia.

O objetivo deste livro é compartilhar boas notícias e fornecer ferramentas que permitam que você se cure emocionalmente para que possa florescer no cumprimento do seu propósito. É aqui que começam a aparecer raios de esperança.

Você foi criado com uma capacidade inata de se conectar a Deus e a amigos confiáveis na cura das feridas do seu coração, para que possa florescer.

Reparar um coração partido não depende apenas de você. Não é uma tarefa que você possa realizar sozinho.

E também não depende apenas de Deus. A resignação passiva de "não há nada que eu possa fazer" não vai ajudar você a se sentir melhor nem melhorar nada. Seu cérebro foi desenvolvido para se curar melhor no contexto de relacionamentos amorosos[16] e para participar ativamente *com* Deus na reparação do seu coração para que possa cumprir propósitos específicos neste mundo. O que quero dizer com isso?

Melhor ainda, como seria isso?

"Somos chamados para um tipo de trabalho muito específico", escreve John Mark Comer, "criar um mundo semelhante ao Jardim, onde os portadores da imagem possam florescer e prosperar, onde as pessoas possam experienciar e desfrutar do amor generoso de Deus. Um reino onde a vontade de Deus seja feita, "assim na terra como no céu", onde a parede de cristal entre a terra e o céu é tão fina, clara e translúcida que você nem se lembra de que ela está lá. Esse é o tipo de mundo que somos chamados a criar. Afinal, devemos apenas continuar o que Deus começou no princípio."[17]

Andy Crouch, outro líder intelectual criativo, oferece uma perspectiva adicional:

> "O que estamos destinados a ser? Estamos destinados a florescer. Não apenas a sobreviver, mas a viver plenamente; não apenas a existir, mas a explorar e expandir... Florescer é estar totalmente vivo, e, quando lemos ou ouvimos essas palavras, algo em nós desperta, se endireita um pouco e se inclina levemente para a frente. Estar plenamente vivos não nos conecta apenas com nosso próprio propósito humano,

> mas também com as alturas e profundezas da glória divina. Viver plenamente estas vidas transitórias nesta terra frágil, de tal forma que, de algum modo, nos associemos à glória de Deus, isso é florescer. E é isso que estamos destinados a fazer."[18]

Sim! Assim como a borboleta que bate as asas e voa livre de sua crisálida sepulcral, você foi feito para experienciar a transformação em lugares escuros e desolados e emergir mais plenamente vivo e completamente livre.

Você é muito mais valioso e resistente do que imagina.

Quando você se une a Deus para dar ao seu coração partido o cuidado e a atenção de que ele precisa, a energia emocional da dor se transforma em combustível para uma transformação positiva. Pode ser difícil acreditar nisso agora, mas é realmente possível que você experiencie uma nova e vibrante capacidade de amar a vida e prosperar.

Antes de começarmos, posso fazer alguns pedidos a você em relação ao tempo que passaremos juntos?

Em primeiro lugar, peço que traga consigo algo importante. Eu chamo isso de COMO de qualquer aventura de crescimento. Para obter todos os benefícios possíveis desta jornada experiencial, por favor, aproxime-se das páginas seguintes com um coração **H**onesto, **A**berto e **D**isposto.

Agora pense cuidadosamente sobre como você deseja responder ao segundo pedido. A qualidade de sua vida e o bem-estar das gerações futuras dependem da sua decisão.

Você está disposto a começar a levar sua dor emocional tão a sério quanto leva a dor física?

Ou, em outras palavras, *você está disposto a começar a prestar tanta atenção ao seu mundo interior quanto presta ao mundo exterior?*

Faça uma pausa. Releia essa seção e pense cuidadosamente.

Se sua resposta for "não", tudo bem. Confio que você saberá quando estiver pronto.

Um dos maiores presentes que nos foi dado é o dom de poder escolher. Você sempre tem opções, e acredito que você se conhece melhor do que ninguém. O mais importante é não deixar seu coração em suspenso por muito tempo e abrir espaço para a cura o mais rápido possível.

Você merece esse cuidado!

Se estiver pronto, vamos começar. Estou ansioso para conhecê-lo por dentro. Agora, respire.

Você não está sozinho.

Um convite à ação

Considere tomar a decisão de se comprometer com as seguintes opções:

1. Eu escolho ser Honesto, Aberto e Disposto durante essa experiência de transformação.

2. Comprometo-me comigo mesmo a dar ao meu coração partido o cuidado e a atenção de que ele precisa, e a responder à minha dor emocional como faria com minhas dores e desconfortos físicos.

3. Dedicar-me-ei a colaborar com Deus e aprenderei a usar a energia da dor para alcançar uma transformação e um crescimento positivos, em vez de permitir que ela roube minha alegria e minha capacidade de cura.

2

DEDICAR TEMPO À CURA

Quem não tem tempo para chorar, não tem tempo para se curar.
Maya Angelou

Toda mudança implica uma perda.

Após qualquer perda, seja a perda de um ente querido, um relacionamento importante, um emprego, um animal de estimação querido, sua saúde, sua casa, seu grupo de amigos ou qualquer outra coisa que seja profundamente importante para você, seu mundo fica temporariamente mergulhado no caos.

Tudo o que você aprendeu e sabe sobre a vida é tremendamente alterado, abalado e questionado. Os mapas neurais do seu cérebro, formados a partir de suas experiências anteriores, precisam ser reconfigurados *para se adaptar* à sua nova realidade, *tal como ela é* agora.

Aviso: O perigo após uma perda é resistir à mudança repetindo roteiros do passado, em vez de escrever um novo roteiro para a sua história.

Como isso poderia ser?

Tenho ótimas lembranças de Sara, que veio me ver porque seu médico insistiu. Sua alegria havia desaparecido há anos, substituída por um estado de espírito sombrio persistente. "Parece que estou sempre triste e preocupada. Não gosto disso, mas não sei como me sentir melhor", explicou.

Durante o tempo que passamos juntas, conheci sua história e os acontecimentos importantes que ela havia vivido. Como apresentadora de televisão que informa sobre os acontecimentos diários, ela mencionou que havia dado à luz uma filha morta há quatorze anos. No ano seguinte, sua mãe faleceu e seu filho nasceu. Sete meses após dar à luz seu bebê, seu marido foi transferido e eles se mudaram para o outro lado do país para estabelecer seu novo lar na Califórnia.

Sua voz era mecânica, monótona e sem emoção.

Quando lhe perguntei sobre sua filha morta ao nascer, ela me disse que tinha acontecido sem aviso prévio. O médico deu a triste notícia; seu marido não conseguiu suportar e abandonou o hospital imediatamente.

Naquela noite, sozinha em seu pequeno quarto no hospital, ela decidiu deixar tudo para trás e nunca mais falar sobre isso. A partir daquele momento, ela bloqueou, relegou para o fundo da mente e, com uma determinação inabalável, decidiu seguir em frente com sua vida. Parecia a melhor opção para todos. Tanto ela quanto o marido cresceram em famílias que seguiam a regra de "não falar" quando se tratava de algo triste. Ela me disse: "Não adianta remoer o passado. Só piora as coisas, não melhora".

Mas aqui está o problema. *Resistir à dor não a faz desaparecer. Simplesmente a esconde.*

Durante catorze anos, Sara gastou muita energia para afastar a dor relacionada à perda de seu bebê. Enquanto conversávamos sobre sua filha, todas essas emoções enterradas explodiram como um gêiser gigante, tão intensas e reais como se ela tivesse perdido o bebê ontem.

Sara quebrou a regra de "não falar" e deu um novo passo em direção à cura. Embora não soubesse quanto tempo isso levaria e não conseguisse enxergar muito longe, ela estava sendo **H**onesta, **A**berta e **D**isposta. Foi um novo começo que mudou sua vida.

Agora aprendi que, embora aqueles que falam sobre suas desgraças costumem sofrer, aqueles que ficam em silêncio sofrem ainda mais.
C. S. Lewis

A perda dilacera e parte nossos corações. Nascemos para criar laços. Quando as conexões são rompidas por perdas que não escolhemos e sobre as quais não temos controle, ocorre um sangramento interno.

Quanto maior o vínculo, maior a dor.

Sabe o que acontece quando separamos dois pedaços de papel colados com supercola? Eles se transformam em uma confusão desordenada de pedaços e fragmentos. É uma imagem muito adequada do seu coração após uma perda.

É por isso que é fundamental dar pequenos passos calculados de forma proativa para recolher os pedaços destruídos do seu coração e cuidar deles com o mesmo cuidado com que cuidaria de um membro quebrado. Se você quebrasse um braço, diria a si mesmo para ignorar a dor, manter-se ocupado e não pensar nisso? Acho que não. Você iria ao médico o mais rápido possível porque quer que seu braço se cure rapidamente, sem complicações ou perda de função.

Normalmente, não ignoramos ferimentos físicos porque sabemos que, se o fizermos, outros problemas podem surgir e piorar a situação. Vamos rapidamente ao médico quando quebramos um osso e confiamos nele para recolocá-lo no lugar, prevenir infecções e prescrever o tratamento necessário. Seguimos suas instruções para nos curarmos completamente.

As feridas emocionais são semelhantes. Elas podem ser invisíveis a olho nu, mas não são menos reais nem menos influentes na hora de determinar sua qualidade de vida. Tentar bloquear seus sentimentos só transforma sua dor em um tirano ainda maior. A dor se torna mais forte e persistente, como alguém que toca a campainha da sua porta e não para até que você a abra.

A maioria de nós subestima o impacto significativo da perda. Minimizamos nossa experiência dizendo: “Não é grande coisa. Todo mundo passa por isso”. Simplesmente não aprendemos a realidade ao longo do caminho: uma perda dolorosa atinge seu cérebro com um impacto devastador. A neurociência demonstrou que uma perda dolorosa ativa no seu cérebro os mesmos mecanismos que são ativados quando os viciados deixam a cocaína ou os opiáceos.

Quando você está de luto, os instintos típicos nos quais você normalmente confia podem levá-lo pelo caminho errado. *Nem sempre você pode confiar em seus pensamentos, porque a dor distorce sua percepção.*

A pesquisa clínica lança um aviso claro: não fuja do luto!

Evitar e reprimir emoções dolorosas leva a um aumento das ruminações negativas, ansiedade, depressão, sofrimento prolongado e luto complicado.[19] Acho que os profissionais da área da saúde e do bem-estar devem enviar um aviso:

Evitar o luto é perigoso para sua saúde e seus relacionamentos.

Portanto, a pergunta urgente é: o que você está fazendo para cuidar do seu coração? Você está recorrendo automaticamente a mensagens que aprendeu no passado, como "*não* fale", "*não confie*", "*não* sinta", assim como Sara, ou está praticando estratégias comprovadas que promovem a cura?

Cuidar do seu coração em luto não é um ato egoísta, nem apenas uma ideia bonita. É uma escolha estratégica para o seu bem-estar físico, mental e relacional.

Prometo o seguinte: você nunca se arrependerá de ter decidido dedicar tempo à cura. Os frutos do seu investimento beneficiarão você e seus entes queridos que você ama pelo resto da sua vida. É fundamental para se sentir melhor e encontrar paz e propósito.

A verdadeira viagem da descoberta consiste não
em buscar novas paisagens, mas em ter novos olhos.
Marcel Proust

Registre seu progresso: escreva para se curar

Ignorar a dor é como tentar dirigir com o para-brisa coberto de lama espessa e sem ter como limpá-lo. Ela obscurece sua visão, distorce sua percepção e torna quase impossível avançar com clareza ou confiança.

Existe uma maneira melhor. Se você chegou até aqui, acredito que decidiu prestar atenção ao que muitas vezes é ignorado e assumir a responsabilidade pelo seu bem-estar. A cura emocional avança lentamente à medida que você aprende a fazer uma pausa, a enfrentar intencionalmente sua dor com a ajuda de Deus e, pouco a pouco, a liberar sua dor.

Nossas mentes são feitas para tentar compreender o que nos acontece. Quando sofremos uma perda, trabalhamos horas extras para dar sentido à experiência e encontrar um significado para ela. Escrever nos permite parar, ouvir o coração e direcionar a atenção, de forma intencional, para o que realmente importa.

Damos um passo atrás, prestamos atenção e organizamos nossas experiências. Ao traduzir nossa perda em palavras e colocá-la por escrito, nos permitimos uma liberação saudável da dor.

James W. Pennebaker demonstrou, em décadas de pesquisa, que "reprimir ou inibir ativamente nossos pensamentos e sentimentos pode ser um trabalho árduo. Com o tempo, esse esforço de inibição gradualmente enfraquece as defesas do corpo. Assim como outros fatores estressantes, a inibição pode afetar a função imunológica, o funcionamento do coração e do sistema vascular e até mesmo o funcionamento bioquímico do cérebro e do sistema nervoso. Reprimir pensamentos e sentimentos coloca as pessoas em risco de sofrer doenças tanto graves quanto leves."[20]

Por outro lado, abrir-se produz o efeito oposto. Pennebaker afirma: 'Ao revelar experiências profundamente pessoais, ocorrem mudanças imediatas nos padrões de ondas cerebrais e nos níveis de condutância da pele após as confissões. Observam-se quedas significativas na pressão arterial e na frequência cardíaca, além de melhorias na função imunológica. Nas semanas e meses que se seguem à abertura, a saúde física e psicológica das pessoas melhora."[21]

Acontece que há muitas evidências científicas que comprovam o valor terapêutico de se abrir e escrever sobre nossas perdas. As imagens cerebrais SPECT[22] mostram-nos que o ato de escrever acede ao hemisfério esquerdo do cérebro, que é analítico e racional. Enquanto o hemisfério esquerdo está ocupado, o direito fica livre para perceber, criar e sentir. Escrever limpa a mente de bloqueios mentais e ajuda-nos a aproveitar a capacidade intelectual adicional para pensar de forma criativa e resolver as coisas.

As pessoas que escrevem sobre suas experiências traumáticas relatam uma melhora na memória, menos depressão, mais felicidade, menos consultas médicas e uma melhora geral na saúde.[23] Elas também se sentem mais felizes e menos negativas do que antes de começar a escrever. Os sintomas depressivos, as ruminações e a ansiedade geral tendem a diminuir nas semanas e meses após a escrita.[24]

Vários estudos mostram que escrever nos ajuda a aceitar o trauma e reduz seu impacto negativo sobre a saúde física. A escrita fortalece as células do sistema imunológico e pode diminuir os sintomas de asma e de artrite reumatoide. Pessoas com transtorno de estresse pós-traumático (TEPT) que escrevem sobre suas experiências relatam menos lembranças recorrentes, pesadelos e memórias intrusivas dolorosas.[25] Essas melhorias permitem que, aos poucos, retomem atividades e voltem a frequentar lugares que, de outra forma, evitariam.[26]

O IMPACTO POSITIVO DA ESCRITA FOCADA

O efeito de dois tipos de escrita de diário foram comparados durante um estudo de um mês.

- Um grupo escreveu sobre seus sentimentos profundos relacionados a um trauma pessoal.
- Um segundo grupo registrou seus sentimentos e pensamentos profundos sobre seu trauma.
- Um terceiro grupo focou sua escrita em relatar eventos de forma factual.

Resultados: Escrever um diário sobre um trauma pessoal facilitou o crescimento positivo. No entanto, o foco da escrita foi importante. A escrita que expressava emoções e pensamentos enquanto tentava dar sentido ao trauma, com foco em procurar os aspectos positivos inerentes ao sofrimento, mostrou benefícios significativamente maiores do que escrever um diário focado estritamente na expressão de emoção dolorosa. Escritores que focaram apenas na emoção dolorosa relataram mais sintomas de doença durante o estudo.[27]

Mesmo escrever apenas vinte minutos por dia pode reconfigurar o cérebro e facilitar a cura.[28] À medida que você escreve, descobre novas perspectivas, inspirações e capacidades que o fortalecem a seguir em frente, mesmo pelas sombras.

Você é mais resiliente do que imagina.

VANTAGENS DO DIÁRIO

Aqueles que praticam escrever um diário:

- São reempregados mais rapidamente após perder seus empregos
- Faltam menos dias de trabalho
- Têm médias de notas mais altas
- Mostram melhores desempenhos esportivos gerais
- Têm melhor memória[29]

Dedicar um pouco de tempo para escrever regularmente também pode aumentar sua percepção e consciência de Deus. Isso o posiciona para receber uma nova perspectiva, consolo e renovação. É mais fácil ouvir o sussurro de Deus na quietude e no silêncio.[30] Ao fazer uma pausa e ouvir seus anseios internos, você desenvolve habilidades vitais que fortalecem sua determinação, nutrem sua resiliência e o ajudam a recuperar a alegria.

OS BENEFÍCIOS DO DIÁRIO

- Esclarecer seus pensamentos e sentimentos
- Conhecer-se melhor
- Reduzir o estresse
- Resolver problemas de forma mais eficaz
- Resolver desacordos de forma mais eficaz

Enquanto continuamos explorando juntos, convido você a escrever sobre sua perda, no seu próprio ritmo. Tente dar pequenos passos. Seja gentil consigo mesmo. Não é hora de se esforçar demais.

Eu lhe darei uma caixa de ferramentas com estratégias de cura. Você decide quando pegar a caneta e escrever suas experiências.

Se em algum momento sua dor for muito forte, lembre-se de que você está seguro. Permita-se fazer uma pausa. Respire fundo, peça ajuda a Deus e volte a escrever quando tiver energia para isso. Sua dor é tão única quanto sua impressão digital.

O que você sente é o que você sente. E está tudo bem.

Manter um registro escrito é uma forma pessoal de honrar a essência e o significado da sua perda, além de registrar seu progresso tangível. Também pode se tornar uma referência no futuro, quando você enfrentar novas e diferentes perdase quiser apoiar outras pessoas em seu luto. No que diz respeito ao seu registro escrito, as decisões são todas suas.

Estou aqui para guiá-lo e protegê-lo ao longo do caminho. É uma verdadeira honra para mim acompanhá-lo.

Um convite à ação

1. Escolha um caderno exclusivamente para registrar seu progresso na cura. Você o usará por um tempo, então escolha um que você goste, com páginas pautadas ou em branco. Será seu lugar privado para registrar os pensamentos, sentimentos e reflexões que surgirem em sua experiência de transformação.

2. Selecione um intervalo de tempo de 15 a 30 minutos, quatro vezes por semana, e marque-o em seu calendário. Proteja esse tempo da melhor maneira possível. Escolha um momento do dia em que sua energia normalmente seja melhor do que em outros e em que seja mais fácil para você ser constante. Considere levar uma pequena bolsa com seu diário, canetas, marcadores e qualquer outra coisa que desejar, para que seja fácil transportá-la se precisar mudar seu plano. Você se surpreenderia com a quantidade de mães e executivas que realizam trabalhos profundos de transformação enquanto estão no carro.

3. Escreva para você mesmo. Não se preocupe com a forma como suas palavras saem, parecem ou soam. Capture seus verdadeiros pensamentos e sentimentos, perguntas e reflexões. Lembre-se de registrar cada avanço e cada pequeno passo de progresso. Você está a caminho de viver de forma mais plena.

Bom luto versus luto complicado

Luto Saudável

- A resposta mental e física comum e intensamente dolorosa à perda.
- Pensamentos, sentimentos e comportamentos intensos e dominantes ocorrem de forma errática e variam ao longo do tempo
- Mistura de anseio e tristeza profunda
- Período de atenção mais curto que o usual
- Acompanhamento de pensamentos e memórias da morte e da pessoa falecida
- Uma tendência a estar mais interessado em seu mundo interior do que nas atividades da vida comum
- A maioria das pessoas segue por esse caminho doloroso e desafiador de luto para eventualmente aceitar sua perda e ver um futuro que tem alegria e satisfação. Quando essa transformação não ocorre nos primeiros dois anos, procure ajuda para prevenir o Luto Complicado ou Transtorno de Luto Prolongado.

Os Benefícios Do Diário

O Transtorno de Luto Prolongado (TLP) existe quando 5 ou mais sintomas estão presentes após seis meses terem se passado desde a perda. A angústia causa prejuízo no funcionamento social, no trabalho ou em outras áreas de responsabilidade, como a vida doméstica:

- Confusão sobre o papel de alguém na vida ou um senso diminuído de si mesmo
- Dificuldade em aceitar a perda
- Evitar lembranças da realidade da perda
- Menor confiança nos outros desde a perda
- Amargura ou raiva relacionada à perda
- Dificuldade em seguir em frente com a vida (ex: fazer novos amigos, buscar interesses)
- Sentir que a vida é insatisfatória, vazia ou sem sentido desde a perda
- Sentir-se atordoado, atônito ou chocado pela perda
- A angústia avaliada não é função de depressão maior, ansiedade generalizada ou Transtorno de Estresse Pós-Traumático.

HÁ MAIS ESPERANDO POR VOCÊ

Os avanços que você experimentou aqui são apenas o começo. Deus tem mais para você—mais esperança, mais restauração e mais alegria do que você pode imaginar. Você foi criada para florescer.

Você já percorreu um longo caminho, e Deus ainda não terminou. Visite MendingMiracles.com para encontrar recursos e ferramentas gratuitas criados para ajudá-la a continuar seguindo em frente com esperança e fé.

ESCANEIE O CÓDIGO QR PARA CONTINUAR CRESCENDO

3

SUA HISTÓRIA É IMPORTANTE

Não há maior agonia do que carregar dentro de si uma história não contada.
Maya Angelou

Meu marido, John, entrou correndo na sala de parto com a roupa camuflada e o rosto pintado de verde, bem quando a cabeça de Nathan estava coroando. Naquele momento, os medicamentos que me deram funcionavam muito bem e eu sorria a cada contração. Rimos do fato de John ter feito a viagem de ida e volta da caçada de cinco horas em metade do tempo. Nenhum dos doze semáforos ficou vermelho no caminho para o hospital. Talvez os anjos o estivessem escoltando.

Minutos depois, nosso bebê veio ao mundo. Mas algo estava errado. Terrivelmente errado.

Nosso bebê estava azul, não respirava bem e seu pequeno choro soava abafado. Em vez de colocá-lo em meus braços, que o aguardavam, os técnicos se apressaram em aspirar sua boca para ajudá-lo a respirar. John segurou minhas mãos e pedimos a Deus que ajudasse Nathan e guiasse os esforços dos médicos.

Eu não parava de perguntar às enfermeiras se Nathan estava bem, e tudo o que elas me diziam era: "Ele está em boas mãos e estão ajudando a desobstruir suas vias respiratórias". Quando perguntei se poderia amamentar Nathan, disseram que não sabiam. Uma hora depois, frustrada com as respostas vagas e por estar separada do meu filho, pedi à enfermeira de parto que me levasse de cadeira de rodas até a unidade de cuidados onde estavam atendendo Nathan.

A pediatra de plantão se aproximou para falar conosco. Eu não conhecia aquela mulher e não queria acreditar em uma palavra do que ela dizia.

"Sra. Vredevelt, seu filho não está oxigenando bem, por isso estamos tentando ajudá-lo com oxigênio e soro".

"Isso é potencialmente fatal?", perguntei.

"Pode ser", respondeu ela. "Também observei que ele tem síndrome de Down. Chamei um cardiologista para examiná-lo porque seu coração não está funcionando corretamente".

Chocada com tudo isso, soltei: "O que isso significa?".

"Significa que ele terá deficiência intelectual, Sra. Vredevelt, e há uma incidência maior de leucemia entre pessoas com síndrome de Down. Há um cateter em seu coração, e os técnicos ainda estão trabalhando para estabilizá-lo."

Passei aquela noite sozinha no meu quarto, ouvindo as famílias felizes ao meu redor comemorando o nascimento de seus bebês. Meu médico pessoal estava na Rússia. Meu pediatra estava de férias. Meus pais estavam na Califórnia. John e as crianças estavam em casa, na cama, e um menino chamado Nathan Vredevelt estava em uma sala estéril sob luzes fluorescentes impessoais, lutando por sua vida.

E eu? Comecei a me perguntar o quanto Deus realmente me amava.

Enquanto lágrimas quentes rolavam pelo meu rosto, lembro-me de sussurrar na noite: "Deus, o que é isso? Uma piada de mau gosto? Bem, eu não estou rindo!".

Palavras de outro tempo e lugar passaram pela minha mente: "O caniço ferido não quebrarei, e a mecha que quase se apaga não extinguirei."[32] Naquele momento, eu não conseguia captar plenamente o significado e não tinha fôlego mental para dedicar-lhes muita atenção.

Na manhã seguinte, o cardiologista fez uma série de exames em Nathan. Com base nos resultados, ele disse que a parte central do coração de Nathan não havia se formado e que ele provavelmente precisaria de uma cirurgia de coração aberto quando tivesse cerca de quatro meses. Durante a cirurgia, ele construiria as partes centrais do coração de Nathan para que ele pudesse se oxigenar melhor e seguir um padrão de crescimento mais normal.

Quando o cardiologista saiu da sala, pensamentos angustiantes tomaram conta de mim: e se o coração dele falhar e ele não chegar aos quatro meses? E se a cirurgia não funcionar? E se ele ficar doente e seu corpo não for forte o suficiente para combater a infecção?

Como criamos uma criança com síndrome de Down? E se Jessie e Ben não se adaptarem a ter um irmão com deficiência? E se...? E se...?

Nossa família e nossa comunidade religiosa ficaram sabendo dessa série de acontecimentos e rezaram coletivamente por Nathan naquela noite. Em questão de horas, seus sinais vitais melhoraram. Sua oxigenação melhorou e, pela manhã, eles puderam remover a intravenosa que ia diretamente para o coração dele. As orações continuaram, especificamente pela cura do coração de Nathan.

Minha mãe voou para a cidade para nos ajudar. Alguns dias depois, levamos Nathan ao hospital de traumatologia de mais alto nível em Portland, Oregon, para que fizessem mais exames. O cardiologista queria examinar todas as seções transversais do coração de Nathan por meio de um ultrassom para determinar qual parte do músculo cardíaco precisava ser reconstruída.

Observamos atentamente as telas enquanto o médico se concentrava nas diferentes cavidades do coração. Quando obteve uma imagem nítida da seção central, ele começou a balançar a cabeça e a rir alto. Eu não achei graça nenhuma! Então, com seu sotaque britânico, ele proclamou: "Caramba, o centro do coração dele está absolutamente normal!".

Eu chorei, minha mãe enxugou as lágrimas dos olhos e o médico continuou balançando a cabeça, surpreso, murmurando: "Muito bem, oh, muito bem!".

Ele apontou para um pequeno orifício entre as cavidades superior e inferior do coração e nos mostrou na tela por onde o sangue escapava. Depois de tomar algumas medidas, ele nos atendeu em seu consultório.

"Sra. Vredevelt", disse ele, "Nathan tem dois pequenos orifícios no coração. Quero observar esses orifícios cuidadosamente durante os próximos seis meses para ver se eles se fecham sozinhos. Se isso acontecer, não será necessária uma cirurgia. Se não se fecharem, então poderemos repará-los quando ele estiver um pouco mais velho".

Minha mãe e eu continuamos enxugando as lágrimas enquanto o médico sorria e nos dizia o quanto gostava de dar boas notícias.

Naquele dia, saí do hospital com uma nova consciência: Deus continuava se dedicando a curar. Essa verdade se aplicava a bebês com buracos no coração e a mães e pais com o coração partido e buracos em sua fé.

De qualquer forma, é o toque Dele que cura.

* * *

As feridas do coração têm formas e tamanhos diversos. Algumas nos são impostas sem que possamos escolher. Relacionamentos rompidos, finais indesejados, planos destruídos, traições, doenças debilitantes... Todas elas vêm acompanhadas de dor.

Tommy é um menino terno e inocente de sete anos. Ele vai a um terapeuta porque seu pai explodiu de repente e abandonou ele e sua mãe há um ano. Tommy não vê nem sabe nada do pai desde então.

"Você poderia desenhar seu coração, Tommy?", perguntou o terapeuta.

À sua frente, sobre a mesa, havia uma tigela com canetas coloridas e papel branco. Tommy escolheu uma caneta e pintou toda a página completamente de preto, exceto um pequeno quadrado branco no centro.

Seu terapeuta perguntou sobre o pequeno quadrado branco e Tommy respondeu: "Oh! É a saída!".

Assim como Tommy, acredito que algo dentro de você sente que há uma saída para a sua escuridão.

Eu também percebi isso e fiz o que muitos médicos dedicados fariam. Mergulhei em uma sólida pesquisa científica para entender melhor a perda, o trauma e a recuperação do luto. Busquei a sabedoria de Deus, ansiosa para ouvi-lo falar e me ensinar como criar práticas de cura para reparar meu coração partido.

As perguntas estratégicas pediam respostas:

- Qual é o meu papel no processo de cura? Qual é o papel de Deus?
- Por que algumas pessoas são capazes de se recuperar e prosperar, enquanto outras ficam estagnadas ou descarrilam o processo de cura?
- Em condições semelhantes, o que faz com que uma pessoa se levante com força, enquanto outra permanece como um zumbi por anos, como um morto-vivo?
- Que práticas poderiam promover a cura e resultados duradouros? Que rotinas simples poderiam revitalizar o corpo, a mente e o espírito?

Eu não sabia, mas estava decidida a aprofundar e ver o que poderia encontrar.

As últimas pesquisas científicas agora confirmam o que muitos médicos suspeitavam há anos. *Perdas e traumas não resolvidos podem ser transmitidos de geração em geração.*

Especialistas de renome, como a neurocientista Rachel Yehuda[33] e o psiquiatra Bessel van der Kolk,[34] nos dizem que, mesmo que uma história perturbadora tenha sido silenciada ou esquecida, suas lembranças e sentimentos permanecem no corpo.

A dor deixa marcas em nosso ser, com efeitos que muitas vezes persistem por anos e décadas. Muito tempo depois que os eventos terminaram, o corpo pode continuar respondendo como se o perigo estivesse sempre presente. Esses legados emocionais geralmente ficam ocultos e desempenham um papel muito mais importante em nossa saúde emocional, física e espiritual do que se acreditava anteriormente.

Minha missão profissional é ajudar as pessoas a curar as feridas do coração por meio de uma abordagem holística equilibrada, que integra corpo, alma e espírito. Aprendi que existem práticas pessoais, respaldadas por uma sabedoria atemporal e por décadas de pesquisa substancial, que realmente promovem a cura emocional e o bem-estar.

Uma chave estratégica para se curar após uma perda não é apenas saber o que aconteceu com você, mas transformar a maneira como você se lembra (como você vê, pensa e sente) das perdas que sofreu. A maneira como você conta sua história é importante, mesmo que seja apenas para si mesmo. Falaremos sobre isso mais adiante.

Muitas vezes me pergunto: por que os conhecimentos da pesquisa clínica parecem não sair do âmbito acadêmico para beneficiar o público em geral? E por que não há conversas, ou pelo menos não são facilmente encontradas, sobre como as práticas clínicas e espirituais podem se entrelaçar naturalmente para promover a cura emocional?

É realmente possível enfrentar as questões mais profundas da vida, especialmente aquelas relacionadas ao sofrimento, à perda e até mesmo à morte, sem considerar a parte espiritual de quem somos?

Eu me pergunto. Podemos mesmo superar esses momentos delicados e complicados sem perguntar a Deus quem Ele quer ser para nós, ou como Ele quer se manifestar em nossa dor?

E se... e se a perda não for o fim da história, mas algo que Deus de fato redime?

Talvez você também tenha lutado com ideias semelhantes. Você já se pegou desejando (ou implorando, suplicando e exigindo) que Deus mudasse suas circunstâncias? Eu entendo. Isso também já aconteceu comigo.

Muitas vezes, parece que Deus tem em mente algo muito mais incrível e completo para nós do que aquilo que nós temos.

É possível que, em nosso sofrimento, Deus queira impulsionar uma mudança *em* nós para um bem maior, que se adapte ao que fomos criados para ser desde o início e reflita nossa maior amplitude como seres humanos?

Será que Deus deseja renovar nossas almas de maneiras capazes de produzir resultados surpreendentes e eternamente significativos, coisas que nem sequer podemos imaginar?

A cura emocional, obviamente, não é um processo claro e simples que ocorre em um prazo linear estabelecido. Se fosse, todas as pessoas que sofreram uma grande perda acabariam superando a dor. A realidade confirma exatamente o contrário. Todos nós conhecemos pessoas que se tornaram cada vez mais amargas em vez de melhorarem com o tempo. Curar seu coração requer um tipo de cuidado e atenção muito especial.

Embora não haja volta ao seu *antigo eu* antes da perda, um *novo eu* está tomando forma neste momento. Agora você é diferente e sempre tem opções. Você decide para onde vai a partir daqui, a qualidade de vida que deseja ter, o tipo de pessoa que deseja ser e a diferença que deseja fazer no futuro. Deus está sempre chamando você para frente, convidando-o a subir para o seu eu mais verdadeiro e para um modo de ser mais radiante.[35]

As pessoas que você ama e com quem se importa precisam que você mostre seu *verdadeiro* eu, não uma versão apagada e fraca de si mesmo.

Elas precisam que você faça o trabalho produtivo de chorar sua perda para que possa se levantar forte, revitalizado e plenamente vivo. Se você tem pulso, ainda tem propósitos importantes a cumprir que ninguém mais pode cumprir.

Novas oportunidades de exploração e crescimento esperam por você. Aproveite o que lhe é oferecido e acredite que seus dias serão um pouco melhores do que antes. O que me permite dizer isso com confiança? Eu vi isso funcionar, na minha própria vida e na de milhares de pessoas.

O amor é mais forte do que a perda.

Registre sua história: escreva para curar

Você está pronto para o próximo passo? Chegou o momento de honrar a sua história.

Quero oferecer duas maneiras de começar a contar sua história. Comece com a prática que preferir e depois complete a outra. A prática nº 1 usa palavras para comunicar sua história. A prática nº 2 usa a expressão criativa. Inúmeras pesquisas comprovam que ambas as estratégias promovem a cura emocional e aumentam o bem-estar.

Leia as descrições das práticas nº 1 e nº 2 abaixo. Escolha uma e comece.

Um convite à ação: Prática nº 1: conte sua história

Contar sua história é fundamental para a cura emocional e para superar suas experiências mais dolorosas. A escrita imersiva e reflexiva ajuda você a recolher os pedaços do seu coração partido e recompor, mesmo após as situações mais inimagináveis.

Esta prática se concentra em registrar as memórias relacionadas ao evento da sua perda. Você provavelmente já passou por muitas perdas. Escolha uma que venha à sua mente com mais frequência e que o preocupe nesta época do ano.

Siga estas orientações para escrever com o objetivo de curar:

- Escreva sem censura ou avaliação. A gramática e a ortografia não importam. O que você escrever não precisa *soar bem* ou *fazer sentido*. A dor é desordenada e isso é normal. Diga ao seu crítico interior para dar um tempo. Contar sua história é seguro, produtivo e saudável.[36]

- Escreva livremente por 20 minutos e não pare de mover a caneta.

- Escreva palavras e frases de lembranças que vierem à sua mente relacionadas à sua perda, tanto dolorosas quanto agradáveis. Não há necessidade de pensar muito sobre isso. Se as ideias pararem de fluir, simplesmente pergunte a Deus: "O que mais é importante sobre a minha história?" e continue escrevendo.

- Anote o máximo de detalhes possível sobre o que aconteceu. Explore profundamente os detalhes e a amplitude deles, junto com os sentimentos relacionados. O significado se revela nos detalhes. Não existe uma maneira certa ou errada de contar sua história, qualquer ponto de partida é válido. Demore o tempo que precisar. Escrever sua história em segmentos menores facilita o processo. Deixe páginas em branco após cada segmento, para poder continuar acrescentando informações à medida que novas ideias surgirem. A seguir, apresentamos algumas perguntas que podem ajudá-lo a começar.

Memórias para escrever sua história:

- Que lembrança vívida se destaca do dia da sua perda?
- O que você sentiu, viu, ouviu, saboreou, tocou, cheirou e percebeu naquele momento?
- Quando você se lembra de ter sentido que algo poderia dar errado?
- Qual foi a sua primeira reação? O que aconteceu depois?
- O que você fez?
- Quem estava disponível para ajudá-lo?
- Que acontecimentos ocorreram nos dias e semanas seguintes?

REDUZINDO SINTOMAS DE LUTOCOMPLICADO

Estudos mostram que recontar a história de sua perda reduz efetivamente o que é chamado por especialistas médicos de Luto Complicado. Escrever a narrativa de sua perda, incluindo suas associações com outros eventos da vida, seu significado pessoal e significado para você, e compartilhar seus sentimentos com outros que te apoiam, tem se mostrado eficaz na redução de sintomas de luto complicado.[37,38]

Um convite à ação: Prática nº 2: faça um desenho

Quando a dor te impede de encontrar as palavras certas e você não sabe o que dizer nem por onde começar, desenhar é outra forma de liberar a dor e encontrar paz. Há ocasiões em que os desenhos podem expressar nossos pensamentos e sentimentos melhor do que as palavras. A expressão criativa também pode proporcionar pausas saudáveis na árdua maratona do luto. O alívio vem quando nos submergimos completamente em uma atividade manual, a tal ponto que outros assuntos passam para segundo plano.

Pesquisas sobre o cérebro mostram que atividades como desenhar, meditar, ler, ouvir música, fazer artesanato e outros projetos estimulam o sistema neurológico e melhoram o bem-estar. As práticas criativas ativam o sistema de recompensa do cérebro (liberando dopamina), promovem o relaxamento e acalmam a resposta de luta ou fuga do corpo.

Maddy, uma estudante universitária, estava em um processo de cura com Deus após vivenciar duas perdas profundas. Sua mãe faleceu quando ela estava na primeira série e, cerca de dez anos depois, Maddy perdeu o pai durante o ensino médio, ambos após corajosas batalhas contra o câncer. O peso dessas perdas era imenso, mas, ainda assim, Maddy aprendia a lidar com sua dor com fé, confiando que Deus a acompanharia em todo o processo de cura.

Uma das maneiras pelas quais Maddy liberava sua dor era desenhando. Colocar seu mundo interior no papel a ajudava a expressar emoções que muitas vezes as palavras não conseguiam alcançar e, nesses momentos tranquilos e criativos, ela frequentemente sentia que Deus se aproximava com consolo e mensagens de amor.

Durante a faculdade, Maddy compartilhou um dia em que uma onda de ansiedade a dominou completamente, a ponto de ela ficar incapaz de funcionar. Eu a ouvi enquanto ela expressava delicadamente as emoções e memórias que se agitavam sob a superfície. Juntas, começamos a trazer à luz essas partes ocultas.

Quando nossa sessão terminou, uma frase do Salmo 23 veio à minha mente: *"Certamente que a tua bondade e a tua misericórdia me seguirão todos os dias da minha vida..."*.[39] Convidei Maddy a meditar sobre esse versículo durante a semana seguinte e a expressar em um desenho tudo o que surgisse em seu coração.

Há mais coisas sobre a história de Maddy que compartilharei mais adiante, mas por enquanto quero destacar o quão poderosa essa prática simples foi em sua cura. Enquanto refletia sobre o versículo, uma imagem inesperada lhe veio à mente, uma que a fez rir e sentir uma surpreendente leveza interior. Ela a descreveu assim:

"Na minha mente, vi uma imagem em movimento que me fez rir, tinha um ar alegre e divertido. Uma fita roxa e ondulada se movia e girava entre fileiras de montanhas e árvores. Essa fita giratória representava o Espírito Santo, que parecia alegre e cheio de diversão. Estávamos no meio de um jogo e Ele estava me perseguindo.

As altas montanhas e as árvores representam os obstáculos e as dificuldades que enfrento. Mas o Espírito Santo abria caminho entre tudo isso, subindo e descendo, passando por cima e contornando, apenas para permanecer perto de mim no caminho".

Ao desenhar o que via, Maddy encontrou uma forma concreta de se apoiar na graça, especialmente quando se sentia mais frágil.[40] Ver novamente esses desenhos nos dias seguintes ajudou a verdade da proximidade e do amor de Deus a se enraizar mais profundamente em todo o seu ser: coração, alma, mente e corpo.[41]

Sua obra de arte se tornou mais do que uma simples expressão criativa; era um lembrete sagrado de que o Espírito Santo a conhecia intimamente, compreendia seus fardos e a perseguia com um amor brincalhão e persistente. Os desenhos de Maddy refletem uma profunda verdade espiritual: que Deus se encontra com cada um de nós de uma maneira profundamente pessoal, como se fôssemos seu único e verdadeiro amor.

* * *

Em outro momento de oração tranquila, Maddy foi atraída por uma imagem poderosa. Ela se viu diante da cruz, com Jesus pendurado sobre ela com os braços estendidos em sinal de amor. Um por um, ela começou a entregar suas dores a Ele. Entregou a dor de não ter conseguido salvar sua mãe e seu pai, a dor de ter que dizer adeus muito cedo. Ela deixou para trás seu medo de sofrer mais perdas, de que algo terrível acontecesse, e a profunda solidão que às vezes a dominava como uma sombra.

À medida que cada fardo deixava suas mãos, ela via como eles eram absorvidos pelo corpo de Jesus, desaparecendo no mistério de seu amor sofredor. E com cada entrega vinha a libertação. Maddy deixou de lado a pressão de controlar o que não podia ser controlado: o esforço ansioso de manter seus piores medos sob controle.

Quando a última dor foi colocada aos pés da cruz, algo lindo aconteceu. Um pequeno canteiro de flores apareceu, florescendo na base. Eram delicadas e bonitas, em tons de roxo e azul, como miosótis. Essas pequenas flores pareciam brilhar com significado: a natureza duradoura do amor, a lembrança sagrada daqueles que partiram para o céu e o convite para valorizar a vida como ela é agora.

Naquele momento, Maddy teve uma revelação. Com uma suave compreensão iluminando seu rosto, ela disse: "Deus está me dizendo que quer que eu me concentre mais na beleza que me rodeia, dentro de mim e até mesmo na beleza que surgiu da minha dor, em vez de deixar o medo ocupar todo o espaço da minha mente".

Foi uma mudança incrível: de se agarrar a soltar, de uma tristeza cheia de ansiedade para algo inestimável que refletia o Deus Trino. Deixe-me esclarecer uma coisa aqui. Maddy é uma jovem artista talentosa, então, *por* favor, *não* espere que a qualidade dos seus desenhos seja igual à dela. O caminho da cura tem muitos sinais importantes. O sinal neste ponto diz: NÃO SÃO PERMITIDAS COMPARAÇÕES.

Pense na arte da primeira série. Não há regras e ninguém está espiando seu papel. O objetivo é liberar o que há dentro.

Seu objetivo é *a expressão, não a perfeição.*

Em uma página em branco do seu caderno, desenhe uma imagem simples da sua dor, semelhante ao que uma criança pequena desenharia. Use marcadores, lápis de cor, giz de cera ou qualquer outra coisa para capturar uma imagem visual da sua angústia atual. Seu desenho pode ser tão simples ou tão detalhado quanto você quiser.

Esta é uma oportunidade para você ouvir seu coração e desenhar o que sente que está acontecendo dentro de você. Se você está olhando para uma página em branco e sua mente está vazia, peça a intuição do Espírito Santo para ajudá-lo a discernir. A Luz Divina pode iluminar a busca do seu coração.

Você já leu a história de alguém e pensou:
"Isso é exatamente o que eu precisava ouvir hoje"?
Sua história fará isso por outra pessoa.

Quando terminar seu desenho, descreva em seu caderno o que as diferentes partes do desenho significam, juntamente com qualquer diferença que você notar em seu coração, alma, mente e corpo antes e depois. Que mudanças sutis você percebe (físicas, emocionais, mentais, espirituais) depois de expressar o que há em seu coração na forma de imagem?

Abaixo estão exemplos de desenhos fornecidos por pessoas que se associaram a Deus para se curarem após uma perda.

42

43

Um convite à ação: Prática nº 2 (alternativa): escreva uma canção de lamento

Não há palavras fáceis. Não há expressões mágicas que façam desaparecer a dor da perda. Se preferir não desenhar, tente escrever um poema ou uma canção de luto sobre sua perda. Essa prática ajudou nosso filho mais velho, Benjamin, a se recuperar. Ao criar uma canção de luto, Ben se conectou com Nathan, explorou o significado, liberou emoções e honrou o amor que compartilhavam.

A CANÇÃO DE NATHAN

© Benjamin J. Vredevelt

Fique perto, não vá embora
É isso que você teria dito.
Agora sou eu quem está sozinho
Preso entre a vida e a morte.
Conversas unilaterais não me dão nada
E testam a minha fé.
Caio diante dessas perguntas
E busco respostas sobre o seu destino.

Mas cantarei sobre o amor, o amor que você mostrou
O amor que derramou sobre mim
Vivendo-o para que todos possam ver.
E não esquecerei os momentos que tivemos
Nem o que você significa para mim
Eu daria qualquer coisa por um dia a mais, mas...
Se viver é Cristo e morrer é lucro
Você sabe que não vou me colocar no seu caminho.
Eu te amo tanto e gostaria que você ficasse

Mas você estará melhor fora deste lugar.
Sei que estou a caminho de casa
Só vou me atrasar um pouco.

Minha recusa em vestir minhas roupas mais escuras
não conseguiu me impedir esta noite.
Agora eu sinto os espaços vazios que você
um dia preencheu com a sua vida.

Então cantarei sobre o amor que você me mostrou,
o amor que derramou sobre mim,
vivendo-o para que todos vejam.
E não esquecerei os momentos que passamos juntos
nem o que você significa para mim.
Eu daria qualquer coisa por mais um dia…

Mas, se viver é Cristo e morrer é ganho,
você sabe que não vou ficar no seu caminho.
Eu te amo tanto e gostaria que você ficasse,
mas você estará melhor longe deste lugar.
Já fui ferido antes, mas hoje é diferente,
você está me incendiando por dentro.
Eu sei que estou a caminho de casa

Se viver é Cristo e morrer é ganho,
você sabe que não vou ficar no seu caminho.
Eu te amo tanto e gostaria que você ficasse,
mas você estará melhor longe deste lugar.
Sei que estou a caminho de casa
Só vou me atrasar um pouco.

Benjamin cantou sua música com uma banda no serviço memorial de Nathan. Escrever a letra e compor a música permitiu que ele organizasse parte de sua própria história e a compartilhasse com todos que choravam a partida de Nathan.

Colocar palavras em uma música é uma ferramenta poderosa de autorreflexão, que nos ajuda a encontrar expressões e imagens para descrever nossas emoções e explorar seu significado.[44,45] A poesia e as canções têm a capacidade de acessar nossos sentimentos mais íntimos, permitindo a cura de feridas emocionais, não importa o quão profundas sejam. A sinergia entre letra e música nos faz desacelerar, criando um espaço para sentir e liberar. Podemos acessar emoções em um nível mais profundo e deixá-las ir, talvez de uma maneira que não conseguiríamos experimentar de outra forma.

Um dos pedidos mais sinceros que recebo frequentemente quando dou palestras é que eu disponibilize a música de Benjamin. E não é de admirar! A música tem uma profunda capacidade de nos ajudar a nos sentirmos conectados, de nos lembrar que não estamos sozinhos em nossas experiências. Através de sua arte singular, uma música pode encapsular maravilhosamente o turbilhão de emoções pelo qual todos passamos, ressoando profundamente dentro de nós. As letras e as melodias nos permitem conectar-nos com nós mesmos,[46] com aqueles que já não estão mais aqui e com a humanidade em geral. Intuitivamente, sentimos que somos uma parte única de algo muito maior. O impacto curativo é penetrante e profundo.[47]

BENEFÍCIOS DA EXPRESSÃO ARTÍSTICA

Décadas de evidências científicas comprovadas revelam os importantes benefícios da expressão criativa através da arte:

- Bem-estar melhorado, diminuição de emoções perturbadoras e aumento de emoções positivas
- Resultados médicos melhorados
- Redução de depressão, ansiedade e estresse
- Redução de sintomas de fadiga por compaixão
- Aumento da cura e senso de propósito
- Maior foco em experiências de vida positivas
- Aumento do senso de autoestima e identidade social

Quando terminar a prática nº 2 (a expressão criativa de uma imagem, um poema ou uma canção de lamento), volte atrás e complete a prática nº 1, "Conte sua história", conforme explicado anteriormente.

Um convite à ação: Prática nº 3: Compartilhe sua história com uma pessoa de confiança

Escolha alguém de confiança que você acredita que se preocupa genuinamente com você (por exemplo, um familiar, um amigo próximo, um clérigo ou um conselheiro). Nas próximas semanas, reserve um tempo para se conectar e ler sua história para alguém em quem você confia. Se puder, compartilhe também sua expressão criativa. Isso não só ajudará na sua própria cura, mas também ajudará outras pessoas, mostrando-lhes como é um processo saudável de luto. A cura é mais poderosa em comunidade.

PESSOAS SEGURAS

Décadas de evidências científicas comprovadas revelam os importantes benefícios da expressão criativa através da arte:

- Criam uma zona livre de julgamento e segura para você compartilhar autenticamente sua história.
- Ouvem cuidadosamente sem tentar corrigir ou consertar você.
- Gerenciam a si mesmos e suas próprias questões. Eles não te culpam por suas ações, atitudes ou reações.
- Buscam ser o melhor com você e cultivar amor e respeito.
- Buscam viver em verdade e liberdade.
- Estão abertos a aprender como podem te apoiar em sua cura, e fazem esforço para fazê-lo.

Eu guiei inúmeras pessoas por meio dessa prática e, repetidamente, vi como compartilhar sua história lhes traz cura. É raro, quase inédito, que não seja uma experiência profundamente restauradora e revigorante. Dar voz à nossa dor e permitir que ela seja vista é profundamente transformador.

Embora alguns ouvintes não soubessem como responder de forma solidária, muitos outros ofereceram gentileza, validação e empatia. Na verdade, algumas pessoas disseram que contar sua história levou a amizades mais profundas e significativas, o que abriu a porta para que outros fossem mais honestos e vulneráveis em troca.

Embora pedir ajuda possa ser desconfortável e talvez até assustador, chorar sozinho é muito mais arriscado e prolonga um sofrimento desnecessário. Quando você está acostumado a dar principalmente, aprender a receber requer humildade. Não estou dizendo que é fácil ou confortável, mas sua cura vale a pena. É fundamental sair da sua zona de conforto e compartilhar sua história. Sua história é importante.

Depois de conversar com um amigo de confiança, escreva um ou dois parágrafos em seu caderno sobre o que você sentiu ao contar sua história. Leve em consideração estas sugestões ao resumir sua experiência:

- Com quem você conversou? Descreva a resposta dessa pessoa.
- Que benefícios você obteve ao compartilhar sua história? O que você aprendeu?
- Quais são seus pensamentos e sentimentos sobre escrever e compartilhar sua história?

Não é necessário ser um escritor ou artista profissional para usar a escrita e o desenho como ferramentas para compreender melhor sua experiência e encontrar sentido nela. Basta pegar uma caneta, colocá-la no papel e ver como sua ferida vai sarando.

Se você não nos contar quem você é,
alguém poderá contar por você—e se enganar.
Se você não nos disser pelo que você luta,
alguém poderá dizer—e perder o sentido.
Se você não colocar em palavras o que aconteceu,
alguém poderá contar de forma muito diferente.
Há poder em contar a sua própria história.[48]
Camille DePutter

4

ONDE A CURA ACONTECE MELHOR

Somos o que acreditamos ser.
C. S. Lewis

A maioria de nós se encontra repetidamente em lugares desconcertantes e desolados ao longo da vida. Você está passando por isso agora? Você se sente sozinho, abandonado ou esquecido? Você se vê dando voltas em círculos negativos, perguntando-se: "Por que estou aqui? E se eu tivesse feito isso ou não tivesse feito aquilo? Onde eu errei? Qual é o sentido disso? É só isso que existe? Como diabos posso seguir em frente?".

Eu entendo. De verdade. Já lutei com perguntas semelhantes.

Meu treinamento aconteceu, em grande parte, em vales sombrios da morte, desertos escaldantes e longos trechos de incertezas, esses espaços ambíguos "entre um lugar e outro". Não são lugares que eu teria escolhido para mim.

Se eu tivesse conhecido o roteiro com antecedência, talvez tivesse desistido, e perdido tesouros preciosos que hoje eu não trocaria por nada.

É normal ter dificuldades após uma derrota. Nossas maiores batalhas geralmente são travadas dentro de nós mesmos.

Isso não significa que haja algo de errado com você, ou que haja algo em você que precise ser consertado. Não quer dizer que você tenha um problema que os outros não experienciam. Significa apenas que seu mundo interior está em um caos confuso porque a forma anterior de sua vida não coincide com a que é agora.

A perda deixa você atordoado e desorientado. Poucas coisas lhe parecem familiares. Agora você se encontra no exigente processo de reorientar e realinhar seu mundo interior com seu mundo exterior alterado. Este *é* o caminho da cura.

Normalmente, entramos em zonas de transição, agarrando-nos nervosamente à antiga forma das coisas. É difícil reconhecer que não há como voltar atrás. Toda a nossa maneira de ser está sendo moldada em um novo padrão de vida. Não se surpreenda ao perceber que está resistindo. É o que tendemos a fazer. Os seres humanos são criaturas de hábito e, na maioria das vezes, preferem o que lhes é familiar. Até hoje, ainda não conheci ninguém que se sinta eufórico com as ambiguidades de estar no *entremeio*.

Tenha certeza de que há muito mais acontecendo dentro de você do que você pode compreender neste momento.

Além do visível e da consciência, os pedaços despedaçados do seu coração estão se reconfigurando em algo novo e extraordinário. Seu Criador lhe deu habilidades inatas para se restaurar, assim como você tem aptidões para se mover, pensar e sentir.

Você pode estar preocupado que esta estação fria e sombria se arraste indefinidamente, e que pouca coisa mude. Mas geralmente as coisas não funcionam assim em nosso mundo. Ritmos subjacentes e leis naturais estão sempre em movimento.

Depois do inverno sempre vem a primavera.

Testemunhamos esses mistérios ano após ano. De repente, aparentemente do nada, nova vida surge da morte. Florestas antigas, com tocos ocos e mortos, brotam samambaias viçosas e flores vibrantes. Alegres crocus roxos e amarelos atravessam os macios mantos de neve branca. Tordos retornam do sul para fazer seus ninhos em velhos galhos em decomposição. As estações vêm e vão, com suas trocas naturais incorporadas.

Assim como na natureza, a transformação do coração envolve uma arte criativa intricada. A cura é complexa, delicada e l-e-n-t-a. Requer condições especiais e um guia e guardião experiente para ajudá-lo a se reparar ponto por ponto. Você já pensou em explorar esses mistérios em colaboração com Deus e amigos de confiança?

Décadas de pesquisa deixam claro: os seres humanos não se curam bem sozinhos.[49]

Deus foi o primeiro a nos dizer *que não é bom estarmos sozinhos*[50] para o nosso bem-estar. Fomos criados para florescer nos relacionamentos. O isolamento é destrutivo.

É um fato conhecido que o isolamento social aumenta significativamente o risco de morte prematura por todas as causas,[51] rivalizando com o tabagismo, a obesidade e a inatividade física. Alimenta a depressão, a ansiedade e o suicídio, e expõe você a um aumento de 50% no risco de demência, um aumento de 29% no risco de doenças cardíacas e um aumento de 32% no risco de acidente vascular cerebral.[52]

A cura ocorre melhor no contexto das relações.

O problema é que, quando nossos corações estão feridos, tendemos a nos afastar e nos retrair. Depois de nos arrastarmos pelas responsabilidades básicas e pelas rotinas do dia a dia, sobra pouca energia para socializar. Não sentimos vontade de interagir ou de colocar uma expressão agradável. Parece falso. Não queremos ser uma companhia ruim. Às vezes, estamos tão exaustos que não nos importamos com quase nada além de escapar para o sono.

Parte do ser humano é espiritual. Somos seres espirituais, criados para uma amizade íntima e transformadora com a comunidade criativa que é a Trindade: Pai, Filho e Espírito Santo. Do meu ponto de vista, a restauração e o bem-estar ideais ocorrem melhor no contexto das relações com Deus e com companheiros seguros.

Você vai se dar permissão para tentar práticas de cura que incluam todas as partes de você, o corpo, a alma e o espírito? Um processo que produz resultados duradouros e que é muito mais eficaz do que uma abordagem dispersa de recuperação ou do que descartar a sua verdade interior com positividade tóxica. Como escreve Tish Warren, "Quando estamos nos afogando, precisamos de uma tábua de salvação, e a nossa tábua de salvação no luto não pode ser apenas o otimismo de que talvez as nossas circunstâncias melhorem, porque sabemos que isso pode não ser verdade. Precisamos de práticas que não apenas suavizem nossos medos ou nossa dor, mas que nos ensinem a caminhar com Deus no cadinho da nossa própria fragilidade."[53]

O que compreendi ao longo de quatro décadas em consultório terapêutico e na minha própria jornada de vida é que Deus está incrivelmente perto dos corações partidos.[54] O luto abre uma porta para o que os cristãos celtas chamavam de um lugar tênue, onde a fronteira entre o céu e a terra parece mais permeável. Encontramos Deus de novas maneiras que nos tiram da nossa distração e transformam a nossa maneira de ser.

As noites escuras da alma oferecem oportunidades de experienciar Deus de maneiras únicas para cada um de nós, de acordo com nossas necessidades específicas, limitações e propósito mais amplo. Tenho observado essa realidade se manifestar em inúmeras pessoas ao longo de mais de quarenta anos: Deus pode promover transformação em um breve encontro que, de outra forma, poderia levar semanas ou meses de terapia pessoal.

Nunca subestime a capacidade de Deus de se comunicar com você e lhe proporcionar o que você precisa. Ele sabe como despertar sua mente para o que é verdadeiro, entrelaçar Seus pensamentos com os seus e ajudá-lo a realinhar seu pensamento com Sua sabedoria. Em um piscar de olhos, Ele pode iluminar os obstáculos que o impedem de avançar e libertá-lo para seguir em frente com sua vida.

Quando nossa filha tinha 16 anos, entre o penúltimo e o último ano do ensino médio, ela dirigia pela rodovia de volta para casa do outro lado da cidade, após um curso preparatório para os exames de admissão à universidade. O trânsito do meio-dia estava intenso.

Ela fez uma curva e reduziu a velocidade para se sincronizar com os carros à sua frente. Mas o motorista do caminhão de dezoito rodas que vinha atrás não estava prestando atenção. Ele a atingiu, amassando a carroceria da nossa pequena caminhonete Toyota como um acordeão, reduzindo-a à metade do seu tamanho original.

Os primeiros a chegar ao local do acidente examinaram-na. Além de queimaduras superficiais causadas pelo airbag e dores no pescoço e nas costas, ela não apresentava lesões visíveis. Aconselharam-na a ir ao médico para fazer um exame mais completo. No dia seguinte, Jessie foi ao médico, que não expressou nenhuma preocupação significativa, disse-lhe que a dor iria melhorar e deu-lhe alta para retomar a sua rotina habitual.

Logo percebemos que Jessie não estava bem.

Os meses seguintes foram miseráveis. Ela não conseguia ler mais do que dez minutos sem sentir náuseas. Seu desempenho acadêmico caiu drasticamente. Em vez de frequentar as aulas regularmente, ela passava horas dormindo em seu carro no estacionamento da escola, exausta. As mudanças turbulentas de humor faziam com que ela se sentisse presa em uma montanha-russa assustadora da qual não conseguia descer rápido o suficiente.

Era doloroso de ver e também desconcertante. Uma tarde, saí para dar um passeio para rezar, a fim de liberar a tensão do meu corpo e clarear minha mente. Enquanto subia uma colina íngreme do nosso bairro, lágrimas brotaram dos meus olhos enquanto eu derramava meu coração: *Deus, estou tão confusa. Não sei o que fazer. Não sei se estou fazendo demais ou de menos. Preciso saber como ajudar.*

Naquele momento, a imagem de uma caixa de ferramentas vermelha, cheia de dezenas de ferramentas, surgiu em minha mente. (A imagem me surpreendeu porque ferramentas e caixas de ferramentas não são algo em que eu costumo pensar. São mais coisas do meu marido).

A imagem foi seguida por uma torrente de pensamentos: *Pam, você é apenas mais uma ferramenta da minha caixa de ferramentas para moldar a vida de Jessie.* As palavras me sacudiram como um triplo espresso que despertou minha alma de um torpor entediante.

Quero que prestem atenção aos detalhes dessa conversa. Ao expressar minha confusão, fiz a Deus uma pergunta específica sobre o que eu poderia fazer para ajudar Jessie. Deus não respondeu à minha pergunta como eu esperava. Ele não me disse o que fazer.

Em vez disso, Deus abordou uma necessidade muito mais profunda minha, um ponto cego que eu nem sabia que tinha. Ele revelou a sensação opressora de responsabilidade excessiva que eu sentia pela minha filha.

Em um instante, o Espírito de Deus acendeu luzes que me ajudaram a perceber que grande parte da minha angústia era alimentada por uma falsa suposição: que tudo dependia de mim. Deus, que me entende melhor do que eu mesma, foi direto à raiz do meu fardo e me libertou de seu controle paralisante.

Quando nossa perspectiva muda, nosso pensamento muda e, com ele, nossa maneira de viver. Minha transformação não foi algo que eu orquestrei ou controlei. Foi a obra de Deus em mim. Essa experiência é apenas um exemplo de como podemos nos associar a Deus para curar nossos corações.

Você consegue imaginar o profundo alívio que senti ao começar a enxergar nossa situação de uma perspectiva mais elevada? Na tranquilidade de uma simples caminhada de vinte minutos com Deus, algo sagrado aconteceu: uma troca divina e transformadora.

Momentos como esses não são raros quando buscamos verdadeiramente a Deus. Eles também podem se tornar um ritmo significativo em sua vida, uma prática que remodela suavemente a maneira como você vê, pensa e lida com o que está em seu coração.

Experiências como essa não são reservadas a alguns poucos escolhidos. Deus não tem favoritos.[55] Muitas vezes, é justamente a nossa fraqueza que mais atrai Sua graça e Seu poder.[56] Não importa onde você esteja ou o que esteja enfrentando, você também pode se libertar dos conflitos internos e dos emaranhados invisíveis que o prendem.

Depois de concluir o ensino médio, Jessie decidiu se juntar à equipe de divulgação da Youth with a Mission (YWAM) na África, a bordo do navio Mercy Medical Ship. Estávamos preocupados com os riscos à saúde. Um cardiologista acompanhava de perto seus episódios imprevisíveis de taquicardia, que chegavam a 150-180 bpm, um efeito persistente do acidente na rodovia. Um mês antes da partida, o cardiologista finalmente deu sinal verde para que ela viajasse com o grupo.

Sua primeira semana no Mercy Ship consistiu em um treinamento intensivo e oração em grupo. Uma tarde, os estudantes universitários e os líderes impuseram as mãos sobre Jessie e oraram. Ela disse: "Mãe, parecia que Deus colocou um dedo no meu cérebro e começou a mexer em tudo, como você mexe na massa do bolo com uma colher.".

Lembra que Jessie não conseguia ler mais do que dez minutos sem se sentir tonta e confusa? Depois que o grupo orou por ela, ela leu 28 livros nos três meses seguintes sem sentir náuseas. A cura ocorre melhor no contexto da comunidade.

Essa parte da história de Jessie me lembra um desafio que Dallas Willard me propôs (e que levei muito a sério) há muitos anos, enquanto estudava formação espiritual:

Busque a Deus. Espere experiências.[57]

Pelo que entendi, a resposta de Deus ao nosso cansaço e confusão é sempre:

Venha a mim:

> Você está cansado? Exausto? Farto da religião? Venha a mim. Afaste-se comigo e você recuperará sua vida. Eu lhe mostrarei como descansar de verdade. Caminhe comigo e trabalhe comigo, observe como eu faço. Aprenda os ritmos naturais da graça. Não vou impor nada pesado ou inadequado a você. Acompanhe-me e você aprenderá a viver com liberdade e leveza.[58]

É um convite eterno e compassivo para qualquer pessoa, a qualquer hora e em qualquer lugar.

Vamos explorar

Podemos parar um momento para fazer uma pausa juntos?

Convido você a prestar atenção ao seu corpo. Você nota alguma tensão ou desconforto, talvez nos ombros, pescoço, mandíbula, peito ou estômago? Há sinais sutis de estresse ou tensão?

Agora, direcione sua atenção suavemente para seus pensamentos. Você sente alguma resistência ou hesitação? Talvez pensamentos como: *"Não tenho tanta certeza sobre tudo o que se diz sobre Deus..."* ou *"Comecei a questionar a bondade e o cuidado de Deus para comigo quando..."*.

Seja o que for que você perceba, física ou emocionalmente, tudo bem. Você não está sozinho nisso. Apenas respire e permita-se ser honesto com o que surgir.

Se você notar alguma tensão, respire lenta e profundamente várias vezes. Deixe seu corpo começar a relaxar e se acalmar.

Prestar atenção ao estresse que você carrega tem um valor real, pois oferece uma perspectiva significativa sobre o que se passa dentro de você. Ser consciente e emocionalmente honesto em relação à sua experiência interior não é apenas saudável, mas também um sinal de força. Isso é ser verdadeiro, em vez de fingir, negar ou colocar uma boa aparência.

A maneira como você reage à perda pode moldar profundamente o que você acredita sobre si mesmo e em quem você se torna.

Quando você reconhece qualquer resistência que sente, pode abrir a porta para uma maior consciência de si mesmo. Você pode começar a compreender por que tende a se afastar de Deus ou dos outros, e quais crenças ou emoções impulsionam essa resposta.

Esse tipo de reflexão pode dar sentido à sua experiência e revelar suposições ou conclusões ocultas que você fez sobre sua perda.

Se você quiser explorar o que pode estar alimentando sua luta, tente fazer a si mesmo estas três perguntas:

- que eu acredito sobre mim mesmo?
- que eu acredito sobre Deus?
- que é realmente verdadeiro sobre esta situação?[59]

Agora, faça uma pausa. Leia lentamente a seguinte frase e medite sobre ela. Não vemos as coisas como elas são. Nós as vemos como nós somos.[60]

Posso comentar o óbvio?

Bloqueios e rejeições não resolvem grande coisa.

Você tem a liberdade de acreditar que a vida depende apenas de você e que você está sozinho. Mas e se houvesse outra opção mais vivificante?

E se a verdade for que você nunca está sozinho?[61]

Deus não se sente intimidado, desagradado ou desapontado com sua resistência, suas dúvidas ou seus conflitos espirituais. O mesmo acontece com seus sentimentos de vergonha, culpa, raiva, medo e *qualquer coisa* relacionada a essas emoções. Sim, qualquer coisa.

Você pode manter Deus à distância o tempo que quiser, mas isso nunca mudará o afeto inabalável que Ele tem por você. A realidade é que Ele se aproxima para cuidar de você e satisfazer suas necessidades com compaixão.[62]

Nada em seu passado, presente ou futuro tem o poder de diminuir o desejo de Deus por sua amizade. Deixe isso assentar em seu coração: Deus o ama, aqui e agora, tal como você é.[63]

Simplesmente não está na natureza de Deus deixar de te amar. Ele nunca retira o que dá e nunca age em contradição consigo mesmo. Tudo o que Ele faz flui em perfeita harmonia com quem Ele é.

Portanto, lembre-se disso: Deus não te ama porque você mudou. Ele te ama para que *você possa* mudar.

Isso *nos* leva a uma pergunta significativa: *é possível que cresçamos e nos tornemos mais conscientes do que está acontecendo dentro de nós, e que reconheçamos como o amor de Deus está agindo ativamente ali?*

Sim, amigo. Claro que sim. Seria uma honra para mim acompanhá-lo e mostrar como isso pode se manifestar em sua vida. Mas, antes, reserve um momento para atender a este convite.

Um convite à ação

1. Reflita sobre sua luta: identifique o maior desafio que você enfrenta agora em relação à sua perda. Em seguida, faça a si mesmo estas perguntas sobre essa luta:

    - que eu acredito sobre mim mesmo?
    - que eu acredito sobre Deus?
    - que é realmente verdade?

2. Afirme-se na verdade: escreva a verdade que você identificou em um post-it e coloque-o em um lugar onde você o veja com frequência. Repita essa verdade para si mesmo: pense nela, cante-a, diga-a em voz alta. Revise-a diariamente até que se torne um pensamento natural e automático. Aqui está um exemplo de um dos meus post-its:

NOTAS

LUTA: Sinto-me vazia, preocupada que o esgotamento e a tristeza sejam o meu novo normal. Será que algum dia voltarei a sentir-me feliz?

CRENÇA SOBRE MIM MESMA: Sinto-me como há três meses. Parece que nada melhora.

CRENÇA SOBRE DEUS: Deus cumprirá sua promessa e responderá às minhas orações? Não sei.

VERDADE:

- Especulações negativas não ajudam.
- Deus e eu estamos lidando juntos com minha dor. Estou fazendo minha parte. Posso confiar que Deus me guiará à verdade e à liberdade.
- Deus ouve e valoriza cada oração.
- Apocalipse 8:3,4.
- Deus renova todos os dias meu coração, minha alma, minha mente e meu corpo. "Você me sustenta e me devolve a saúde plena". Salmo 41:3

5

REINICIAR

Se tivesse que resumir meu conselho sobre uma vida mais saudável em uma única sugestão, seria simplesmente aprender a respirar corretamente.
Dr. Andrew Weil

Respirar é a primeira coisa que fazemos ao nascer e a última coisa que fazemos antes de morrer, mas a maioria de nós dá pouca atenção a isso ao longo da vida.

Respiramos automaticamente, o que provavelmente é a razão pela qual não lhe damos muita importância. Mas sabia que respirar lenta e conscientemente é uma forma muito eficaz de regular as emoções e acalmar a mente e o corpo?

A respiração é a ferramenta mais eficaz para melhorar rapidamente a concentração, a clareza e a consciência intuitiva. E é gratuita.

A palavra "respiração" na Bíblia é fascinante e profundamente simbólica. Ela implica muito mais do que a troca física de ar que entra e sai dos pulmões. *A palavra "respiração"* no grego do Novo Testamento e no dialeto hebraico do Antigo Testamento significa Espírito.

No princípio dos tempos, o *Espírito* de Deus pairava sobre o caos sombrio.[64] O Espírito, *ruach* em hebraico, significa respiração, a presença criadora e o poder de Deus que traz ordem ao caos. Do caos, o Espírito soprou tudo para a existência, trazendo vida, ordem e beleza. Deus formou o homem, soprou em suas narinas o sopro da vida, e o homem tornou-se um ser vivente.[65]

O sopro do Todo-Poderoso é a força vivificante que não apenas dá início à nossa existência, mas também sustenta suavemente nosso corpo, nossa alma e nosso espírito. Como diz Jó: "*O Espírito de Deus me criou; o sopro do Todo-Poderoso me dá vida.*"[66] Mas esta é a verdade: quando a perda irrompe em nossas vidas e parte nosso coração, podemos sentir como se tivéssemos perdido o fôlego. A dor não é apenas emocional, é física. Ela pode nos deixar sem fôlego, lutando para respirar sob o peso da dor. A dor pode, literalmente, tirar nosso fôlego.

Deixe-me revisar algo que mencionei anteriormente para esclarecer melhor as coisas. A emoção é *energia em movimento.* Seu corpo percebe essa energia de diferentes maneiras.

O centro emocional do cérebro (conhecido como sistema límbico) está localizado na parte posterior do cérebro. Ele é *muito mais rápido para perceber e responder* às mensagens recebidas do que o *centro do pensamento* (conhecido como córtex pré-frontal, localizado na parte frontal do cérebro). O *centro emocional* responde automaticamente à velocidade da luz a sinais de ameaça ou perigo, sem que você ou eu pensemos conscientemente ou intervenhamos.[67]

Não podemos escolher o que desperta as nossas emoções.

Quando nossos cinco sentidos captam um sinal ameaçador, *o centro emocional do cérebro* (na parte posterior) ativa uma resposta de luta, fuga ou paralisia[68] que, por sua vez, desativa a *parte racional do cérebro* (na parte frontal).

Quanto mais estresse você acumular e quanto mais tempo mantiver, mais seu sistema nervoso ficará alterado e mais provável será que você perceba uma ameaça menor como um perigo grave. Um sistema nervoso sobrecarregado age como um alarme de incêndio defeituoso que aciona sirenes ensurdecedoras gritando para evacuar após acender uma pequena vela.

Ao ativar a resposta de luta, fuga ou paralisia, o cérebro libera hormônios do estresse que fornecem energia para agir. O cortisol e a adrenalina circulam pelo sangue, gerando sensações físicas como nós no estômago, tensão nos ombros, peso no peito e um impulso compulsivo de lutar, fugir ou ficar paralisado. A pele pode ficar fria e úmida, suada ou avermelhada. A respiração se torna superficial, a mente acelera e os pensamentos se agitam.

Essa *resposta automática* do seu *centro emocional* é o seu mecanismo de sobrevivência enviando uma mensagem que diz:

1. Algo importante requer sua atenção;

2. Ative o centro de pensamento do seu cérebro e esteja consciente do que você está sentindo.

Uma maior consciência vem acompanhada de uma mente e um corpo regulados. A clareza, a concentração e a percepção intuitiva ocorrem melhor quando estamos em um estado de paz estável.[69]

Uma questão que vale a pena considerar é: O que podemos fazer em tempo real que tenha demonstrado equilibrar rapidamente o coração, a alma, a mente e o corpo para passar de um estado de alerta máximo para um estado de calma?

Um bom ponto de partida é o momento em que você entrou neste mundo pela primeira vez como recém-nascido. Você respira, fazendo o que as civilizações têm feito desde o início dos tempos.

Uma das chaves para curar seu coração reside em compreender e aproveitar o poder da sua respiração. Respirar propositalmente (B.O.P) ativa a resposta de relaxamento inata que Deus lhe deu.[70] Seu Criador o criou com uma capacidade incrível de restaurar naturalmente o equilíbrio e acalmar seu sistema nervoso.

Respirar conscientemente, em um ritmo lento, é prático e fácil de fazer. Reduz o estresse físico e emocional, ao mesmo tempo em que melhora o humor,[71] a atenção[72] e a agilidade mental.[73]

Com base em práticas eficazes encontradas na tradição sagrada antiga e em décadas de pesquisa científica, gostaria de sugerir três práticas recomendadas para recuperar eficazmente a paz e melhorar a consciência quando a vida o deixa sem fôlego.[74]

Pautas simples para praticar a respiração consciente:

1. Programe pausas regulares para respirar conscientemente (B.O.P., na sigla em inglês).

   A maioria de nós não presta atenção à forma como respira. No entanto, a respiração lenta e rítmica atua como um suave reinício para o sistema nervoso. As mudanças cerebrais que ocorrem durante a respiração lenta provocam melhorias na consciência e na cognição.[75]

Equipes militares, forças policiais e serviços de emergência utilizam a respiração em caixa[76] e a respiração tática[77] em situações de grande estresse para melhorar a concentração e o desempenho. A Universidade de Stanford publicou recentemente uma pesquisa sobre o suspiro fisiológico, que consiste em uma dupla inspiração pelo nariz—a segunda mais curta que a primeira, já que os pulmões estão parcialmente cheios—seguida de uma expiração longa e prolongada pela boca.[78]

Usamos esses suspiros espontaneamente, sem perceber, em ambientes claustrofóbicos ou durante o sono profundo, quando o dióxido de carbono se acumula na corrente sanguínea. Esse padrão de respiração ajuda a descarregar o dióxido de carbono ao mesmo tempo em que aumenta a ingestão de oxigênio, o que nos permite relaxar. *Alguns minutos por dia* desses suspiros

melhoram o humor, diminuem a ansiedade e reduzem a frequência respiratória melhor do que a respiração em caixa ou a meditação consciente, e os benefícios aumentam com o tempo.[79]

Existem muitas técnicas de respiração lenta que são fáceis de usar na rotina diária. A maioria incentiva expirações mais prolongadas após inspirações profundas.[80] Existem aplicativos gratuitos disponíveis para orientar o processo de aprendizagem. (iPhone: Deep Breathe; Android: Paced Breathing)

2. Respire pelo nariz.

A respiração nasal afeta o sistema nervoso central de maneira diferente da respiração bucal. A respiração nasal rítmica regula a atividade elétrica do cérebro relacionada às emoções e pensamentos, melhorando a percepção e a memória.[81] Ela também garante um suprimento normal de oxigênio ao cérebro para um desempenho ideal. Por outro lado, a respiração bucal interrompe o fornecimento adequado de oxigênio ao cérebro e pode diminuir sua função.[82]

A resistência do ar através da respiração nasal aumenta o vácuo nos pulmões e nos ajuda a inalar 20% mais oxigênio do que através da boca.[83] A respiração nasal também nos ajuda a conservar energia e aumenta a resistência. Por outro lado, a respiração bucal pode nos levar prematuramente a um maior gasto energético, o que nos leva mais rapidamente à fadiga.[84] O luto é um trabalho árduo e exaustivo. Esta é uma prática fácil para conservar energia para sua recuperação.

3. Experimente a antiga prática da oração respiratória

A tradição ortodoxa diz que as orações respiratórias tiveram origem já no ano 200 d.C. entre os pais e mães contemplativos do deserto.[85] Enquanto viviam em regiões áridas e desoladas, eles procuravam despertar sua atenção para Deus e orar sem cessar.[86] A oração respiratória foi desenvolvida para apoiar a consciência contínua da presença de Deus.

A oração respiratória é uma oração centrada nas Escrituras, usada ao ritmo da respiração controlada. Sua mente se concentra em Deus enquanto você regula sua respiração lenta e deliberada. Em vez de a dor se tornar uma barreira para sua fé, ela se torna um portal através do qual você convida Deus a acompanhá-lo.

Uma das formas mais antigas e comuns de oração com a respiração é conhecida como A Oração de Jesus. É apropriado, pois a marca da vida de Jesus foi cuidar dos abatidos e manifestar bondade.

A forma clássica da Oração de Jesus diz: "Senhor Jesus Cristo, Filho de Deus", durante a inspiração pelo nariz, e "Tem misericórdia de mim" na expiração.[87] As palavras específicas podem variar, como combinar a inspiração com "Senhor Jesus" e a expiração com "Tem misericórdia". Também são utilizadas frases dos Salmos e de outras Escrituras.[88]

A oração respiratória tem sido usada para ajudar as pessoas a se aproximarem de Deus quando se sentem espiritualmente fracas. É uma forma de confessar a fé acima dos sentimentos quando o coração está fraco e carece da energia necessária para orar. O Rev. John Beck destaca o benefício dessa oração simples:

Deus vê como perseveramos na luta, mesmo quando nosso coração não está completamente envolvido, e concede-nos o dom da verdadeira oração espiritual, da verdadeira caridade. Em poucas palavras, Deus nos enche com os dons do Espírito Santo… A Oração de Jesus promove confiança em Deus, fazendo-nos acreditar que Ele nos conduzirá através dos momentos de caos e tumulto, que será nossa Luz ao caminharmos na escuridão e que nos confortará em tempos de enfermidade, luta espiritual e aflição.[89]

Com o tempo, a oração com a respiração pode tornar-se tão natural quanto respirar.

Os dons da graça de Deus acendem a esperança e fortalecem. É uma maneira de se preparar para receber e acolher o cuidado terno de Deus pelo seu coração enlutado.

Oração breve: de um a dois minutos

Opção nº 1: o nome de Deus

Oração Respiratória com o Nome de Deus

Pesquisas mostram que expirações longas e lentas combinadas com inspirações mais curtas estimulam o nervo vago, sinalizando aos nossos sistemas nervosos que estamos seguros. Respirar Intencionalmente (B.O.P.) ajuda a regular a conexão coração-alma-mente-corpo e traz equilíbrio.

A oração respiratória pode ancorar e apoiá-lo enquanto respira intencionalmente.

Sugestão: Use o nome de Deus, Yahweh, que está enraizado nas letras hebraicas que compõem a frase em inglês "I AM" (EU SOU). O som pronunciado de Yahweh imita a respiração.

Inspire pelo nariz contemplando "Yah" por três segundos.

Expire pela boca dizendo "Weh" por seis segundos.

Pratique esta respiração intencional por um a dois minutos.

A única coisa que fazemos a cada momento de nossas vidas é...
pronunciar o nome de Deus.
Isso o torna nossas primeiras e últimas palavras
ao entrar e sair do mundo.
(Nome de Deus, Êxodo 3:14)
Richard Roher

Opção nº 2: dois minutos, frases curtas

Oração Respiratória Curta

Escolha uma frase para focar sua atenção em Deus. Combine-a com sua necessidade no momento. Fale suavemente a frase em sincronia com cada inalação lenta (5 segundos) e exalação prolongada (7-8 segundos). Continue por dois minutos. Sinta-se livre para criar suas próprias contemplações significativas. Aqui estão algumas frases de exemplo para você considerar.

INALE	EXALE
Espírito Santo	Preencha-me agora
Deus Amoroso	Você é minha paz
Jesus, venha	Eu olho para Você
Você está aqui	Eu recebo Seu amor
Espírito de Deus	Faça-me novo(a)
Amor Perfeito	Eu descanso em Você
Eu confio em Você, Senhor	Eu confio em Você, agora

Opção nº 3: oração respiratória de cinco minutos

Oração Respiratória de 5 Minutos

1 minuto: (Opcional) Ajuste um temporizador para 1 minuto. Traga seu caderno e caneta para registrar onde e como a tensão muda em seu corpo antes e depois desta prática respiratória. Sente-se confortavelmente e imagine-se em um lugar seguro e bonito, abraçado pelo Amor. Lentamente, faça uma varredura corporal, movendo sua atenção da cabeça até os dedos dos pés. Pergunte a si mesmo:

- Onde sinto tensão no meu corpo? (Observe sua cabeça, mandíbula, boca, pescoço, ombros, braços, mãos, peito, estômago, pernas, pés)

- Em uma escala de 1-10 (baixo a alto), qual é o nível de intensidade da tensão agora?

- Registre a localização e intensidade da sua tensão antes e depois da respiração controlada

Exemplo:

Tensão–Antes: Mandíbula–5, Ombros–6, Estômago–3
Tensão–Depois: Mandíbula–2, Ombros–3, Estômago–0

Se você é novo em práticas respiratórias, este passo lhe dará informações importantes.

5 minutos: Ajuste um temporizador para 5 minutos. Convide Deus para estar em comunhão com você. Envolva sua imaginação. Veja o Autor da vida enviando o sopro do Seu Espírito para seus pulmões, revivendo os lugares

murchos da sua alma. Esteja ciente de que Deus está tão perto quanto sua respiração, transmitindo graça divina para sustentá-lo. Dê as boas-vindas a Deus para abrir os olhos do seu coração. Veja-O cuidando ternamente dos pedaços despedaçados do seu coração, remendando e curando suavemente. Imagine-se envolvido pela Paz e pelo Amor perfeitos enquanto respira intencionalmente. Inspire tão profundamente quanto puder por 5 segundos e depois expire lentamente por 7 a 8 segundos. Continue isso por 5 minutos enquanto conjuga em ritmo com sua respiração. Quando você se distrair, simplesmente traga seu foco de volta para sua respiração e para Deus. Observe o que você percebe (vê, ouve, saboreia, sente, cheira) na presença de Deus.

O objetivo é praticar a regulação do seu coração-alma-mente-corpo para um estado relaxado e pacífico e registrar o que você percebe física, emocional e espiritualmente.

Um convite à ação

1. Incorpore a respiração consciente sempre que reservar um tempo para ler, refletir e orar.

2. Escolha momentos específicos todos os dias para fazer uma pausa e praticar a respiração intencional. Coloque um alarme como lembrete. Quanto mais você fizer isso, mais natural ficará e maiores serão os benefícios.

   Algumas pessoas começam e terminam o dia com a prática da respiração, enquanto outras usam os horários das refeições como lembretes consistentes. Não existe uma única forma correta, basta encontrar um ritmo que funcione para você.

   Depois que as pessoas experimentam o impacto dessa ferramenta simples, elas costumam dizer que não podem mais viver sem ela. É assim tão poderoso. Respirar conscientemente cria um espaço para a paz, ajuda a liberar a dor e abre seu coração para receber o amor de Deus.

6

O PODER DA VERDADE

Acredito que a verdade desarmada
e o amor incondicional terão a última palavra.
Martin Luther King, Jr.

"No mês passado, encontrei-me com dois médiuns. Um diz que minha filha está morta. O outro diz que minha filha está viva e que devo continuar procurando por ela. As pessoas me disseram que você é espiritual. Quero saber sua opinião!"

Foi assim que uma mulher desesperada me interrompeu quinze minutos após nossa primeira reunião.

Eu não tinha nenhuma informação sobre seu histórico ou história. Não sabia nada sobre seus valores ou crenças. E não fazia ideia de quais minas poderiam estar escondidas sob a superfície, prontas para explodir.

O que eu sabia era horrível. Sua filha, Kari, não apareceu para trabalhar um dia. Seu chefe tentou ligar para ela várias vezes e a ligação ia direto para a caixa postal. Não era a primeira vez que um estudante universitário o deixava na mão, mas algo parecia estranho. Seu instinto insistia para que ele entrasse em contato com a família de Kari.

A mãe e o pai não tinham notícias de Kari há alguns dias, mas isso não era incomum durante a semana de trabalho. Eles foram ao apartamento dela e descobriram que o carro não estava lá e que a colega de quarto não a via há um dia e meio. Não era do feitio de Kari não voltar para casa à noite ou faltar ao trabalho.

"Ela é uma boa menina. É responsável, carinhosa e inteligente", disse-me a mãe dela.

Algumas semanas após o desaparecimento de Kari, a polícia encontrou um carro em uma vala ao lado de uma estrada secundária. Eles identificaram o carro como sendo de Kari, mas não encontraram nenhum sinal da jovem perto do carro.

A polícia realizou várias buscas sem sucesso. A família contratou equipes de investigação profissionais, mas seus esforços não deram em nada. A angústia dessa mãe inconsolável e aflita me causou um nó no estômago.

Seus olhos fixaram-se nos meus. Essa mãe tenaz esperava respostas. Seu sofrimento era palpável e eu queria ter muito cuidado com seu coração.

Meu corpo estava em alerta máximo, pois nunca antes eu tinha estado em um lugar como aquele. É difícil pensar com clareza quando se está nervoso. É muito mais fácil encontrar as palavras certas quando se está calmo.

"Você está carregando o peso de um trauma extremo. Vamos fazer uma pausa e respirar fundo", respondi.

Enchemos nossos pulmões de ar e orei em silêncio por sabedoria.

Fui lembrada de que Deus está muito próximo dos corações partidos. Ele criou e estimou essa mulher. A compaixão que senti por ela era minúscula comparada à imensidão do amor bondoso de Deus que nos uniu.

"Laura, lamento que você tenha recebido respostas contraditórias que intensificaram sua confusão. Não sei se sua filha está viva ou morta. Mas posso lhe dizer como você pode encontrar a resposta".

A perplexidade tomou conta de seu rosto. Seus olhos, bem abertos, me observavam com expectativa.

"Deus está aqui conosco neste momento. Se quiser, você pode pedir ao Espírito do Deus vivo que lhe diga a verdade."

"Não sei como fazer isso", disse ela. "Você pode me ajudar?"

"Claro, posso ajudá-la", respondi. "Podemos falar com Deus, como falamos com um amigo, e convidá-lo a nos mostrar a verdade. Gostaria de fazer isso juntos?"

"Sim", ela assentiu com a cabeça, "eu gostaria!".

Eu a guiei por uma breve oração, na qual ela repetia frases curtas depois de mim. Não me lembro das palavras exatas, mas era algo simples como: "Espírito do Deus vivo, preciso de ajuda. Quero saber a verdade sobre minha filha. Você poderia me ajudar, por favor?". Era simples.

Ela abriu os olhos, exalou um grande suspiro e disse: "Sinto paz".

Encorajei essa mãe corajosa a estar atenta às maneiras pelas quais Deus poderia se comunicar com ela: "Palavras ou imagens específicas podem vir à sua mente. Novas ideias podem surgir. As circunstâncias podem se alinhar de maneiras que nunca aconteceram antes. A presença de Deus a acompanha quando você sair daqui. Você não está sozinha. Você vai registrar o que sentir que Deus está lhe comunicando?".

Ela concordou em fazer isso e marcou outra reunião.

Pensei muitas vezes nessa mãe corajosa entre as sessões. Não tinha certeza de como a Verdade se manifestaria, mas sabia no fundo do meu ser que Deus não a decepcionaria. Confiei que Deus iria ajudá-la de alguma forma, de algum jeito.

Essa confiança vem da minha crença de que Deus está sempre conosco e do conhecimento de que fomos criados com a capacidade de nos conectarmos com Deus a qualquer momento que escolhermos. O problema é que muitas vezes não paramos nem reservamos um tempo para estar conscientes de Deus ou para perceber as maneiras como Ele revela Sua presença. Esquecemos de nos sintonizar, de fazer perguntas e de ouvir. Há muitas outras vozes altas que nos distraem e tiram nossa atenção. Mas isso pode mudar. Podemos estar mais atentos à forma como Deus age em nossas vidas.

A mãe corajosa e eu nos reunimos por teleconferência algumas semanas depois. Notei uma energia diferente em seus olhos do que antes. Ela se inclinou para o computador e disse: "Você não vai acreditar. Aconteceu algo incrível!".

Eu me preparei, imaginando o que poderia ser essa "loucura".

Ela me contou que um policial ligou para ela para dizer que um excursionista havia relatado um incidente. Ele estava caminhando à beira do lago quando um leve movimento à esquerda chamou sua atenção. Um velho cais danificado flutuava contra a base de um penhasco à beira da água. Ele saiu do caminho, desceu a margem para ver mais de perto e percebeu que havia algo pendurado embaixo do cais, debaixo d'água. O policial não tinha certeza, mas achava que o excursionista poderia ter encontrado o corpo de sua filha. Ele saberia mais depois de receber os resultados dos exames. Pouco depois, seu palpite se confirmou.

Três anos após o desaparecimento de sua filha, e duas semanas depois que a mãe convidou o Espírito do Deus vivo para lhe dizer a verdade, um excursionista percebeu por acaso algo na água. Ele não podia imaginar o impacto que sua curiosidade teria na história de uma família que compartilhava características semelhantes às suas. Sua "casual" descoberta *naquele* dia acabou sendo a matéria-prima do amor redentor de Deus. Um amor que resolveu um mistério não resolvido e pôs fim à busca angustiante de uma mãe por sua filha desaparecida.

Frequentemente, é através de grande mistério que a verdade se revela. O que me impressiona é como Deus acompanhou essa mãe corajosa diretamente ao seu medo mais profundo e sombrio, e acalmou seu coração com uma paz tangível, antes mesmo de ela sair de nossa reunião ou ter respostas. Muitas vezes, são as áreas mais dolorosas de nossas vidas, aquelas que negligenciamos e evitamos, onde Deus espera para nos encontrar.

O papel da verdade é central para a formação espiritual, escreve John Mark Comer. Ela mina as histórias falsas em que acreditamos, dizendo: "Isto é verdade e isto é mentira". Ela muda nossa confiança e reconfigura nossos mapas mentais da realidade, tornando possível viver em alinhamento com a realidade de maneira que floresçamos e prosperemos de acordo com a sabedoria e as boas intenções de Deus.[90]

Embora a verdade fosse profundamente dolorosa, ela libertou suavemente essa mãe corajosa do domínio do medo, especialmente do medo do desconhecido. Trouxe um senso silencioso de encerramento e despertou uma nova coragem dentro dela, daquelas que surgem quando percebemos que não estamos caminhando sozinhos. Com a mão de Deus na sua, ela encontrou a força para dar um pequeno e corajoso passo à frente no caminho da cura.

Mesmo o menor passo na direção certa continua sendo um passo à frente.

Quando nos atrevemos a aceitar a verdade, mesmo quando dói, abre-se a porta para uma liberdade mais profunda, aquela que cura por dentro.[91]

Um convite à ação

1. Escreva com sinceridade sobre um problema com o qual você está lutando hoje. Use seu diário para expressar livremente seus pensamentos e emoções, sem precisar filtrar, julgar ou corrigir nada. Simplesmente deixe fluir.

2. Faça uma pausa e acalme sua mente. Pergunte a Deus: "Qual é a maneira saudável de ver isso? Qual é a sua perspectiva?". Reserve um tempo para ouvir com o coração aberto.

3. Anote qualquer pensamento, sentimento ou ideia que vier à sua mente. Nos próximos dias, fique atento a qualquer coisa relacionada a essa oração: uma nova compreensão, paz ou clareza inesperada. Volte ao seu diário e acrescente essas reflexões.

Um dia você contará sua história de como superou o que viveu, e ela será o guia de sobrevivência de outra pessoa.

7

QUAL É O PROPÓSITO MAIOR?

Senhor, grave a eternidade nos meus olhos.
Jonathan Edwards

Pouco depois de chegarmos em casa do hospital com nosso filho Nathan, nossa amiga Kay nos ligou. "Vou limpar sua casa", disse ela. "Que dia é melhor para você?"

Dois dias depois, ela apareceu à nossa porta com Idella, outra amiga que conhecíamos há anos. Que surpresa tive quando abri a porta da frente. As duas pareciam ter saído do set de um filme de ficção científica, com baldes na cabeça, máscaras de gás no rosto, roupas de combate, meias listradas e aventais cobrindo roupas tão malucas que você e eu teríamos separado e jogado fora há trinta anos.

Elas vieram para me fazer rir. E conseguiram! Mas a visita de Kay e Idella teve um significado muito maior para mim do que as risadas ou os pisos brilhando e os móveis sem poeira que elas deixaram para trás. Eu conhecia Kay e sua família há muitos anos. Kara, a filha mais nova, nasceu com paralisia cerebral e passou por várias cirurgias complexas. Por doze anos, Kay tinha caminhado por um caminho que eu estava apenas começando.

Quando a vi ali parada na minha varanda, com aquela roupa extravagante e um sorriso de orelha a orelha, lembrei-me das muitas vezes em que a tinha visto no passado e pensado: *"Ela tem um fardo tão pesado. Como pode estar tão feliz?"*.

Sentei na nossa poltrona grande da sala para amamentar o Nathan e disse: "Kay, estou lutando com uma coisa. Eu não sei como aceitar a síndrome de Down do Nathan. O que é que te ajuda?".

Como mulher sábia que é, Kay não me deu respostas fáceis nem clichês simples. Em vez disso, ela me contou uma história que tinha sido muito significativa para ela após o nascimento de Kara. Era assim:

Enquanto caminhava pela rua, Jesus viu um homem cego de nascença. Os discípulos perguntaram: "Rabi, quem foi que pecou, este homem ou os pais dele, para que ele nascesse cego?". Jesus respondeu: "Vocês estão fazendo a pergunta errada. Estão procurando alguém para culpar. Aqui não se trata de causa e efeito. Procurem, isso sim, ver o que Deus pode fazer".[92]

Deus falou comigo naquela tarde fresca de outono. Ele me desafiou a mudar meu foco, a parar de tentar "entender tudo". A parar de me perguntar "porquê?" e, em vez disso, levantar meus olhos para Deus para observar e ouvir.

Procure, em vez disso, o que Deus pode fazer.

Refleti sobre essas palavras por muito tempo enquanto embalava Nathan naquele dia.

Pensei no homem cego antes de encontrar Jesus. A vida, como ele sempre a conhecera, era uma noite longa e sem fim. Imagino que ele nunca teria imaginado que poderia ser diferente, que sua história se tornaria historicamente significativa ou que ele testemunharia perante as autoridades de seu tempo sobre sua transformação radical. Vale a pena pensar nisso.

Ninguém sabia que um dia ele se sentaria ao redor de uma fogueira com sua família e amigos e contaria a história de como Deus abriu seus olhos para uma nova maneira de ver.

Quem pode nos dar a capacidade de acreditar que temos um futuro mais brilhante do que a escuridão que envolve nossa perda?

Deus.

E quem pode nos dar fé para acreditar que nossas vidas e nossas famílias estão nas mãos de Deus... aconteça o que acontecer?

Deus.

Quem pode nos dar fé para acreditar que Deus nos está conduzindo para fora da escuridão do abismo da dor, mesmo quando as circunstâncias parecem indicar o contrário?

Deus.

Deus desafia você e eu a termos olhos de fé para nós mesmos, nossos relacionamentos, nossas tarefas e nossas aspirações. Ele conhece os desejos mais profundos do seu coração, o que mais lhe satisfará e as melhores maneiras de ajudá-lo a passar do ponto A ao ponto B.

A promessa eterna de Deus continua válida: *Porque eu conheço os planos que tenho para você... São planos de bem-estar e não de calamidade, para lhe dar um futuro e uma esperança. Naqueles dias, quando você orar, eu o ouvirei. Se você me buscar de todo o coração, você me encontrará.*[93]

Deus, plenamente consciente de nossas fraquezas, feridas, deficiências e decepções, nos desafia a colocar nossa confiança Nele... *mesmo quando nossos corações estão despedaçados... mesmo quando nossa lógica nos grita que Ele não se importa conosco ou que cometeu um erro terrível.*

Nos nossos momentos mais frágeis, deparamos com uma escolha sagrada. Podemos fechar o coração em amargura e dor ou podemos, com coragem, abrir os lugares feridos a Deus e convidá-Lo a entrar. Quando escolhemos deixá-Lo entrar em nosso sofrimento, Ele não chega com julgamento ou vergonha. Ele vem com ternura, compaixão e com a cura em Suas mãos.

Suavemente, com o tempo, Ele começa a restaurar o que foi quebrado. Ele pega até mesmo a nossa dor mais profunda e a entrelaça com amor, transformando-a em algo muito mais belo do que jamais poderíamos imaginar. Não existe ferida profunda demais, nem fraqueza grande demais, que possa impedir Deus de cumprir Seu propósito em sua vida. Na verdade, os lugares que vemos como limitações são frequentemente aqueles em que Sua graça e Seu poder brilham com mais intensidade.

Esse convite sagrado para confiar transformou a minha forma de enxergar tudo, inclusive nosso filho especial, Nathan. Nathan, com seu sorriso radiante e sua síndrome de Down, não é um erro. Ele é uma obra-prima, uma criação única, feita pelas mãos de um Criador amoroso com um propósito divino.[94] Acredito de todo coração que Nathan segue um caminho pensado especialmente para ele, um caminho repleto de significado, beleza e graça.

E você, meu amigo, também é *quem é* por desígnio divino. E com esse desígnio divino vêm tarefas muito boas e significativas que só você pode cumprir.

Às vezes me pergunto o que direi a Nathan quando ele tiver idade suficiente para me perguntar sobre sua síndrome de Down. Que palavras encontrarei quando o mundo não for gentil, quando os valentões o chamarem de "atrasado" ou "desajustado", ou pior ainda, sugerirem que ele é algum tipo de erro? O que direi ao nosso lindo menino?

Imagino-o sentado no meu colo, abraçando-o e dizendo algo assim:

"Nathan, quero que você saiba algo muito importante. Você é único, maravilhosamente criado do jeito que é. Deus sonhou com você e o trouxe a este mundo com um propósito. Você não está aqui por acaso. Você chegou na hora certa, para a família certa, porque você tem uma luz dentro de você que este mundo precisa.

Mesmo antes de eu sentir você crescendo dentro de mim, Deus já te conhecia. Você já estava no coração dele, já era profundamente amado. Você não é uma ideia de última hora, Nathan. Você é escolhido. Você pertence a Deus e a nós.

Você é uma alegria e um deleite. Quando Deus olha para você, ele sorri, assim como nós. Às vezes, as pessoas ficam irritadas quando você demora um pouco mais para fazer as coisas. Mas, Nathan, todo mundo tem pontos fortes e fracos. Você brilha de uma maneira que os outros não brilham.

Você é feliz, realmente feliz. Você dá os abraços mais fortes. Você ilumina a sala com sua risada e ama as pessoas com facilidade. Isso é um dom, Nathan.

Nem todos sabem como fazer isso. Mas você sabe, e é algo especial que você oferece ao mundo.

Você também é forte de espírito. Você tem uma bela capacidade de ver coisas que outras pessoas não veem. A maneira como você vê os anjos é incrível. Seu nome, Nathan, significa "o presente de Deus". Seu segundo nome, Charles, vem do meu pai, seu avô Walker. Significa *percepção espiritual* e sua vida mostra esse dom.

Deus já fez milagres em sua vida. Quando você nasceu, seu coração estava partido. Ele tinha um buraco e não sabíamos se você sobreviveria. Mas as pessoas rezaram e Deus te curou. Você está aqui por uma razão, Nathan, e acredito que essa razão é cheia de propósito e amor.

Portanto, quando alguém disser algo que o magoe, quero que se lembre da verdade: você pertence a Deus e a nós, e é profundamente amado. Conversaremos sobre as coisas difíceis, rezaremos juntos e buscaremos o que Deus está fazendo, mesmo quando a vida for difícil e seu coração estiver sofrendo.

Amigo, deixe que este suave lembrete o conforte: Deus se manifestou diante de um homem cego de nascença e diante de inúmeros homens e mulheres ao longo dos séculos cujos corações estavam partidos e que ansiavam por algo mais. Ele se manifestou diante do nosso pequeno Nathan. E Deus se manifestará diante de você, diante de mim e diante de qualquer um que estiver disposto a buscá-lo.

Na maioria das vezes... você encontra o que procura.

Um convite à ação

1. A dor pode obscurecer sua perspectiva e tingir seus dias de cinza. Peça a Deus que abra os olhos do seu coração para ajudá-lo a ver Sua bondade e Seu amor, no mundo ao seu redor e em sua própria alma.

2. Pratique "Três coisas boas". A dor muitas vezes leva nossa mente para o negativo. Antes de ir dormir, escreva três coisas boas que você reparou durante o dia. Que sejam coisas simples, como o aroma de uma flor, o calor da luz do sol, uma risada, uma palavra gentil ou um momento de paz. Qualquer coisa que tenha despertado suavemente um dos seus sentidos. Sussurre uma oração de agradecimento enquanto apaga as luzes.

3. Nomeie seus pontos fortes. Escreva três dos seus maiores pontos fortes. Podem ser traços de seu caráter, habilidades ou valores que o definem. Convide duas ou mais pessoas que gostam de você para compartilhar o que consideram seus três principais pontos fortes. Anote as respostas delas e combine-as com sua própria lista. Dedique uma página do seu diário intitulada MEUS PONTOS FORTES. Adicione sua lista e decore a página. Deixe que ela lhe lembre que você é profundamente amado, criado de forma única à imagem de Deus e com um propósito especialmente criado para você.

8

O SEGREDO DA ENTREGA

Se você quer mudar, precisa começar pelo homem
ou pela mulher que você vê no espelho.
Eric Metaxas

Depois que Nathan chegou do hospital para casa, lutei contra uma tristeza avassaladora causada pelos hormônios pós-parto, pela ansiedade com os buracos no coração do meu bebê e pela minha incapacidade de ser a esposa e mãe que eu era antes.

Dois meses após o nascimento de Nathan, fiquei parada no chuveiro, chorando desconsoladamente.

"Estou cansada de chorar, Deus. Chorei todos os dias nos últimos dois meses e estou CANSADA. Não consigo me recompor. Não consigo recompor minha família. Não consigo recompor Nathan.

Deus... preciso de ajuda. As Escrituras dizem que Tu podes transformar o choro em alegria. Deus, Tu poderias fazer isso por mim? Porque, por mais que eu tente, não consigo fazer isso sozinha."

Chamo esse episódio de dez minutos de "Rendição no chuveiro". Foi um ponto de virada para mim.

- Eu me rendi ao fato de que era incapaz de mudar a situação de Nathan. Eu não podia reescrever o roteiro, nem apagar o último ano da minha vida.

- Eu me rendi ao fato de que não era capaz de satisfazer as necessidades do meu marido e dos meus filhos como eu queria. Deus também sabia disso, e Ele teria que compensar a diferença.

- Eu me rendi ao fato de que não podia controlar o futuro. Ele estava nas mãos de Deus.

- E me rendi ao fato de que meus sentimentos eram meus sentimentos e, apesar da dor e da confusão que eles me causavam, sabia que a única maneira de me liberar era reconhecê-los, senti-los e superá-los. Nesse processo, eu podia confiar que Deus colaboraria comigo e orquestraria a maneira de curar meu coração partido.

Não há nada como uma palavra de encorajamento que chega exatamente no momento em que você mais precisa. Guardo um arquivo com as notas de Deus que me chegaram no momento oportuno. Uma das mensagens incluía um recorte de jornal que me desafiava a abrir meu coração de uma nova maneira para a direção que minha vida havia tomado.

Isso me ajudou a ver que grande parte da minha angústia era causada pela minha própria resistência.

Estar em uma luta constante com os acontecimentos ou circunstâncias da nossa vida não muda nada. Nossa realidade é como ela é. Tentar escapar ou deixar o presente também não ajuda. Mas eu sei *de* algo que ajuda.

A aceitação.

A aceitação não torna as coisas mais difíceis, mas mais fáceis. Ela nos dá a capacidade de ver com novos olhos.

Muitas vezes me pedem para descrever a experiência de criar uma criança com necessidades especiais, para tentar ajudar as pessoas que não compartilharam essa experiência única a compreendê-la e imaginar como seria.

Emily Perl Kingsley expressou isso maravilhosamente em uma pequena história que escreveu há anos. Ela começa dizendo que quando você vai ter um bebê, é como planejar férias fabulosas na Itália.

Você compra vários guias turísticos e faz planos maravilhosos. O Coliseu. O David de Michelangelo.

Após meses de espera ansiosa, finalmente chega o dia. Faz as malas e parte. Várias horas depois, o avião aterra. A comissária de bordo entra e diz: "Bem-vindos à Holanda".

"Holanda?", você diz. "Como assim, Holanda? Eu me inscrevi para ir para a Itália! Eu deveria estar na Itália. Toda a minha vida sonhei em ir para a Itália".

Mas houve uma mudança no plano de voo. Você pousou na Holanda e deve ficar lá. O importante é que não o levaram para um lugar horrível, repugnante e sujo, cheio de pestilência, fome e doenças. É apenas um lugar diferente.

Então você precisa sair para comprar novos guias turísticos. E precisa aprender um idioma completamente novo. E conhecerá um grupo de pessoas completamente novo que nunca teria conhecido.

É apenas um lugar *diferente*. É mais tranquilo que a Itália, menos chamativo que a Itália. Mas depois de ficar lá por um tempo e recuperar o fôlego, você olha ao seu redor... e começa a perceber que a Holanda tem moinhos de vento... e tulipas. E até tem Rembrandts.

Mas todos os seus conhecidos estão ocupados indo e vindo da Itália... e todos se gabam de como se divertiram lá. E pelo resto da sua vida, você dirá: "Sim, era para eu ter ido para lá. Era isso que eu tinha planejado".

E essa dor nunca, nunca, *nunca* desaparecerá... porque a perda desse sonho é uma perda muito significativa.

Mas... se você passar a vida inteira lamentando não ter ido para a Itália, talvez nunca seja livre para aproveitar as coisas tão especiais e tão bonitas... da Holanda.

Tive a oportunidade de pensar nessa "viagem não planejada à Holanda" quando me vi sentada em uma mesa de pré-escola com os joelhos quase na garganta. As cadeiras de pré-escola não são feitas para mulheres adultas com 1,75 m de altura.

Mas não importava. Era uma ocasião especial. Nosso filho mais novo, Nathan, me convidou para um chá no Dia das Mães. Fazia anos desde que participei da minha primeira comemoração como mãe. Lembro-me de ver nossa filha mais velha, Jessie, com seu vestido rosa de bolinhas e sua trança loira, cantando uma música especial só para a mãe. Com total confiança, ela se destacou e cantou com toda a força. Enquanto a via cantar, pensei: *"Ela é tão alegre e cheia de vida. Nada disso a intimida".*

Depois houve a vez do nosso segundo filho, Ben, interpretar José na apresentação de Natal do jardim de infância. Ele recebeu a tarefa de puxar Maria, que estava dentro de um burrinho de papelão preso à cintura, várias vezes pelo palco. Isso deveria representar a longa viagem deles até Belém.

A professora havia lhes dito para levar o burrinho para o lado esquerdo do palco antes de caminhar até o presépio, à direita. No entanto, quando Ben (José) puxou a corda para estacionar o burrinho conforme as instruções, surgiu um problema. Maria, com vontade própria, inclinou-se firmemente para trás dentro do burrinho, recusando-se a se mover.

Mas José era um homem com uma missão e não estava disposto a se intimidar. Então, ele puxou a corda com força, o que impulsionou Maria, surpresa, um metro para frente. Furiosa, Maria jogou seu burro no chão, colocou as mãos na cintura, lançou um olhar *muito* desagradável para José e saiu do palco batendo a porta.

Ben (José), atordoado com a mudança imprevisível de humor de Maria, aproximou-se da manjedoura, cruzou os braços em sinal de derrota e fez um enorme beicinho. E assim passou a primeira briga de Maria e José. Adeus ao presépio angelical.

Muitas vezes, observei Jessie e Ben no palco, rindo e chorando, imersos em ondas de amor, e eu ali, tocando suavemente. Após as apresentações formais, eles geralmente me serviam café e biscoitos e me guiavam pela sala de aula para mostrar o que haviam preparado para a ocasião. Eles estavam orgulhosos de eu ter ido e orgulhosos de que eu fosse a mãe deles.

Desta vez, eu sabia que seria diferente. Desta vez seria a Holanda, não a Itália.

Eu sabia que Nathan não conseguiria articular todas as palavras das músicas e que provavelmente pularia alguns movimentos das mãos aqui e ali. Eu sabia que as outras vinte mães da sala poderiam alterar sua rotina previsível e abalar sua confiança. Eu não tinha certeza de como seria a manhã, mas tomei uma decisão importante antes de cruzar a porta da sala de aula.

Decidi abrir meu coração para o que quer que me esperasse e aceitá-lo da melhor maneira possível, com gratidão.

Renunciar às expectativas é muito poderoso.

Traz uma paz tranquila a um coração dilacerado pelo conflito. Isso acontece quando tomamos a simples decisão de respirar fundo e dizer: "Estamos exatamente onde devemos estar neste momento".

Significa que deixamos de perder tempo precioso e energia emocional desejando que as coisas fossem diferentes, ansiando ser outra pessoa ou querendo outras circunstâncias.

É uma força de transformação capaz de converter o ruim em algo bom.

É confiar que todos os meus momentos estão nas mãos amorosas de Deus.[95]

A circunstância não importa. Pode ser estar solteiro. Ou a viuvez. Um casamento doloroso. Um relacionamento rompido. Infertilidade. Doença ou deficiência. Uma enfermidade persistente. Ou qualquer situação da vida em que nos encontramos e sobre a qual não temos controle.

Encontrar paz e cura é algo que se aprende através da experiência.[96]

Quando as crianças apresentaram suas canções na hora do chá, Nathan se colocou ao meu lado e fez o possível para dizer algumas sílabas. Seus movimentos com as mãos não eram muito definidos, mas eram constantes. Sua mãozinha gorducha agarrava minha camisa e ele sorria a maior parte do tempo. Ele estava se divertindo!

Durante uma das canções, olhei para outra mãe que observava Nathan. Ela tinha lágrimas de tristeza nos olhos. Não sei o que ela estava pensando, mas naquele momento uma ideia espontânea me veio à mente.

Percebi que estava em um *lugar diferente*, e não era um que eu teria escolhido. Isso estava claro. Mas também percebi que *Deus* estava comigo nesse lugar diferente. Ele e eu estávamos juntos nisso... a longo prazo.

Após a apresentação, peguei Nathan pela mão e o levei pela sala para que ele pudesse ver as suas obras de arte nas paredes. Apontei para os desenhos e disse: "Muito bonito, Nathan!".

Então ele começou a me trazer um biscoito atrás do outro da bandeja de prata. Entre nós dois, devemos ter comido uma dúzia. O limite era dois. Fazer o quê, né?

Ao sair da escola naquele dia, senti uma profunda gratidão: gratidão a Deus por me ajudar a superar anos de dor e por me ensinar o segredo da rendição.

Isso não significa que eu não me sinta triste de vez em quando. Eu me sinto.

Isso não significa que eu nunca pense "E se...?". Eu penso.

Isso não significa que eu nunca sonhe acordada com a "Itália". Eu sonho.

Mas agora menos. Menos do que antes.

Sou grata por Deus ter ensinado nossa família a perceber as diferenças de Nathan como dons únicos que devem ser apreciados e compreendidos. Sou grata porque a alegria pelo que Nathan pode fazer supera em muito a tristeza pelo que ele não pode fazer.

Mas, acima de tudo, sou grata por "o menino com deficiência da turma" (como alguns o chamam) ser meu e por ele ter orgulho de eu ser sua mãe.

Há muito amor na Holanda.

Um convite à ação

1. Você está perdendo tempo e energia emocional desejando que as coisas fossem diferentes, ansiando ser outra pessoa ou querendo outras circunstâncias? Anote três ou mais afirmações verdadeiras para repeti-las na próxima vez que começar a cair nesse poço sem fundo.

2. A dor nos diz o que não podemos controlar, o que nos falta e o que não podemos fazer. Escreva de três a cinco afirmações verdadeiras em seu diário sobre o que você pode controlar, o que você tem e o que *você pode fazer*.

NOTAS

O que consigo controlar...

O que posso fazer...

Bençṍes atuais...

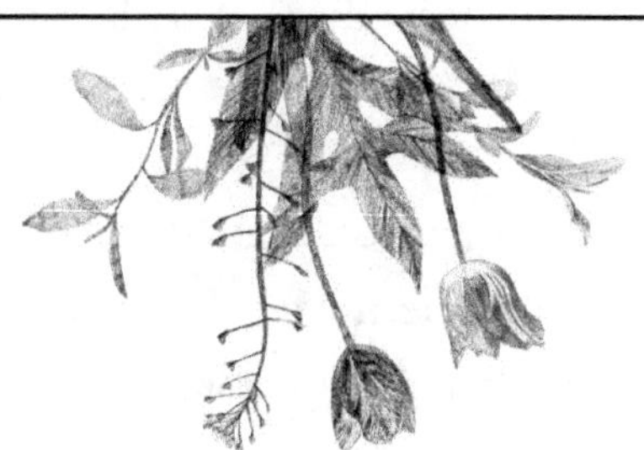

Neste momento, estou no meio de uma batalha contra o câncer. Depois que uma ressonância magnética mostrou que a doença havia progredido significativamente, tomei a decisão incrivelmente difícil de arrumar minhas coisas e dirigir 17 horas para outro estado para tratamento. Isso significava deixar para trás meu marido incrível e nossos quatro filhos pequenos—por um período de tempo desconhecido.

A maior parte da minha vida vivi em modo de luta ou fuga, com uma crença profundamente enraizada de que, se eu pudesse controlar meu ambiente e resultados, me protegeria de ser profundamente ferida novamente. Com tanto fora do meu controle, nossas finanças, minha hospedagem e o custo emocional que isso estava causando em todos nós, eu clamei em desespero: Deus, como é realmente confiar completamente em Você?

Naquele momento, um versículo de Provérbios veio gentil mas claramente à mente: "Ela rirà sem medo do futuro."

Com lágrimas escorrendo pelo meu rosto, eu disse a Deus: "Estou tirando minhas mãos de tudo. Confio em Você com tudo isso." E eu quis dizer isso de verdade. Eu deixei ir o pesado fardo que estava carregando, abracei e beijei minha família para me despedir e, entre lágrimas, saí do nosso bairro para começar a longa jornada pelo país.

Fiz uma promessa a Deus enquanto dirigia de que não reservaria um único lugar para ficar, a menos que Ele me guiasse claramente para isso. E com isso, uma paz profunda se estabeleceu sobre mim, o tipo que vem quando você finalmente para de tentar dirigir os resultados e, em vez disso, deixa Deus ser Deus.

No segundo dia da minha viagem, recebi uma ligação de uma amiga. Ela me disse que alguém que ambas conhecíamos acabara de se mudar para a cidade para onde eu estava indo para tratamento. "Eles moram a apenas dez minutos do centro de tratamento de câncer", ela disse, "e eles têm um quarto com banheiro privativo pronto para você."

Aquela ligação trouxe uma enxurrada de lágrimas. Eu havia pedido especificamente a Deus por um banheiro privativo, e Ele não perdeu esse detalhe. Ele me viu. Ele me ouviu. E Ele providenciou.

Desde então, pessoas que eu nunca conheci, e outras que mal conheço, enviaram presentes financeiros para apoiar nossa família. Enquanto continuo o tratamento, estamos confiando em Deus para suprir todas as nossas necessidades, dia após dia.

Através desses desafios, aprendi algo que não entendia completamente antes: paz e segurança não vêm de lutar para controlar. Elas vêm de deixar ir, de liberar cada detalhe para Aquele que já vê o quadro completo e que nos ama mais do que podemos compreender.

Deus está me mostrando, repetidas vezes, que posso confiar Nele.

(1) Prov. 31:25, NVT

CONVERSAS DE AMOR

História por Elana

9

RECONHEÇA COM COMPAIXÃO

A rejeição de si mesmo é o maior inimigo da vida espiritual porque contradiz a voz sagrada que nos chama de "Amado". Ser o Amado constitui a verdade fundamental de nossa existência.
Henry Nouwen

Quando o choque de um incidente traumático ou de uma perda repentina começa a passar, as implicações do que aconteceu atingem você de cheio, trazendo uma onda avassaladora de emoções.

Alguns se referem a esse fenômeno natural como *"backdraft" (retrocesso de chama)*. É uma expressão usada pelos bombeiros que descreve o que acontece quando uma porta se abre repentinamente em uma casa em chamas. O oxigênio entra rapidamente e as chamas são lançadas para fora.

Um processo semelhante ocorre quando o impacto desaparece e abrimos nosso coração para a compaixão: o amor entra e a dor sai disparada.[97]

O luto não é limpo e ordenado. É desordenado e complexo, especialmente quando circunstâncias imprevisíveis deixam você sem chão e mergulham você em um longo período de sofrimento.

A verdade é que você é um tesouro único, chamado pelo seu nome e profundamente amado pelo seu Criador. Deus o criou intrinsecamente digno de ser amado. Deus *é* amor e sempre age de acordo com quem Ele é.

Aqui está o problema. A vida inteira você foi cercado por vozes culturais que sabotam sua verdadeira identidade com mentiras. Críticas externas e internas sussurram que você não vale tanto assim, que não é bom o suficiente, que não consegue dar conta, que é diferente e não se encaixa. Quando a adversidade joga você no luto, a tendência humana natural é acreditar nessas bobagens e se fixar nelas.

Você sabia que os pensamentos negativos grudam no cérebro como velcro, enquanto os pensamentos positivos escorregam como ovos em teflon?[98] Esse viés, que faz parte da nossa própria natureza, é o que nos permite detectar perigos com facilidade, reagir rápido e sobreviver como espécie.

A dor legítima, juntamente com esse viés negativo, nos leva, sem percebermos, a ciclos de pensamentos sombrios e prejudiciais. Não se surpreenda se você se pegar pensando demais e ruminando repetidamente em cenários cheios de medo, culpa ou vergonha. Tomar consciência desses ciclos prejudiciais é o primeiro passo para superá-los. Nas palavras de Santa Teresa de Ávila: “Quase todos os problemas da vida espiritual provêm da falta de conhecimento de si mesmo”.

Em 1530, João Calvino escreveu: "Nossa sabedoria... consiste quase inteiramente em duas partes: o conhecimento de Deus e de nós mesmos. Mas como ambos estão conectados por muitos laços, não é fácil determinar qual dos dois precede e dá origem ao outro".[99]

A consciência de si mesmo é fundamental para a cura emocional.[100]

Quando você se critica, condena e rejeita a si mesmo, você se torna tanto o agressor quanto o agredido. Isso ativa suas defesas de luta ou fuga e libera hormônios do estresse em sua corrente sanguínea, colocando-o em estado de alerta máximo. Se você permanecer em hipervigilância por longos períodos, diversos problemas de saúde acabam aparecendo.

É de se admirar que nossa angústia pura atraia o afeto divino? Deus se aproxima dos que têm o coração partido.[101] Como uma mãe atenciosa cativada pelo choro de seu bebê, Deus não suporta ficar longe de nossa fraqueza e dor.[102] Ele nos ama demais para ficar longe.[103] Mesmo quando não estamos conscientes da iminência de Deus, ou concluímos que Ele se foi e não se importa, a presença do Amor não é menos real.

Você sabe qual é a primeira palavra que Deus usa para descrever sua natureza? No versículo mais citado da Bíblia hebraica, Deus explica quem ele é: "O Senhor, o Senhor, Deus compassivo e misericordioso, lento para a ira e grande em amor e fidelidade.[104]

A primeira qualidade na lista que define o caráter de Deus é *a compaixão*. A palavra hebraica para compaixão, *rakhum*, vem da raiz *rakhem*, que significa "útero". Pense na compaixão de Deus como algo semelhante ao útero, capaz de conter, carregar, nutrir e proteger a vida sagrada que é *você*. Enquanto a empatia diz *"eu te entendo"*, a compaixão diz *"eu te sustento em sua dor"*.

Compaixão é uma palavra emocionalmente intensa, frequentemente usada para descrever a resposta sincera de Deus ao sofrimento humano. É uma palavra de ação que expressa a energia inesgotável de Deus, que O impulsiona a resgatar aqueles que ama, como um pai devotado salva um filho preso em dificuldades. Não é um estado temporário de espírito, mas um atributo permanente do ser eterno de Deus.[105]

Nos Evangelhos, a palavra compaixão, splanchnizomai, em grego, é mencionada com mais frequência do que qualquer outra palavra que identifique os sentimentos de Jesus. Ela reflete a emoção angustiante que Jesus sentiu quando encontrou aqueles que sofriam, como a mãe aflita que perdeu seu filho,[106] os perseguidos e indefesos,[107] os cegos,[108] os perdidos e os cansados.[109] A compaixão o impulsionava a consolar, liberar e curar.[110]

Aprender a cuidar bem do seu coração, em essência, alinha você com a Fonte de toda compaixão.

A cura ocorre melhor quando está enraizada e fundamentada no amor.[111] Assim como você não pode viver sem água, você não pode curar seu coração sem compaixão. Mas *com* compaixão, você é capaz de muito mais do que pode imaginar.[112]

John O'Donohue, poeta e sacerdote irlandês, vê a autocompaixão como o espelho de nossas vidas vividas em um relacionamento autêntico com Deus. "Existe um lugar", ele diz, "que é o lugar eterno dentro de você. Quanto mais o visitamos, mais somos tocados e fundidos com a bondade e o afeto ilimitados do divino... Se conseguirmos habitar esse reflexo da presença divina, então a compaixão fluirá naturalmente de nós."[113]

O amor é a fonte de energia para curar suas feridas. Em uma atmosfera de bondade amorosa, você se recupera aos poucos e se sente mais inclinado a dar o que recebeu gratuitamente.[114]

A ciência corrobora o que Deus sempre disse. Você sabia que a presença da compaixão desativa as ameaças e estimula o centro de recompensa do cérebro? Ela também diminui a tensão muscular, reduz o cortisol e regula o coração, ao mesmo tempo em que aumenta o humor positivo e o bem-estar geral.[115]

Somos feitos para florescer em um ambiente de compaixão, não de hostilidade.

Vamos trazer isso para o dia a dia. Você já percebeu a diferença entre o que diz a si mesmo em silêncio quando está sofrendo e o que diz a um amigo que está triste ou preocupado? Talvez, como acontece com muitas pessoas com quem conversei, a autoculpa, o julgamento e a crítica ocupem muito mais espaço em seus pensamentos do que a compaixão. Tendemos a ser mais duros conosco do que com os outros.

Aviso do terapeuta: seu coração não pode se curar em um ambiente de críticas e condenações severas.[116] É fundamental criar um espaço livre de julgamentos e sincero, em consonância com o amor de Deus.

Em vez de evitar ou nos desconectarmos da dor, escolhemos nos associar compassivamente a Deus *por meio de* nossas tristes transições para a plenitude abundante.

Se, por acaso, você está preocupado que a autocompaixão o leve a tendências egoístas ou narcisistas, deixe-me tranquiliza-lo. Pesquisas mostram que aqueles que praticam a autocompaixão aumentam sua capacidade e motivação para ajudar outras pessoas que sofrem. Eles também são muito menos propensos à depressão e à ansiedade[117] e mais propensos a alcançar um crescimento pós-traumático.[118]

Muitas vezes me perguntam: *como a autocompaixão se manifesta na vida cotidiana?*

Imagine que você está cuidando de uma criança ou de um ente querido idoso que está doente com febre. O que você faz? Você se aproxima deles com delicadeza, fala com suavidade e procura maneiras de fazê-los se sentirem mais confortáveis. Você leva água fresca e os incentiva a beber pequenos goles regularmente. Quando eles conseguem comer, você oferece alimentos saudáveis e nutritivos.

Procura maneiras de reduzir o desconforto deles. Deixa de lado as expectativas relacionadas às responsabilidades habituais. Incentiva-os a descansar para que conservem as energias e se recuperem. Seu objetivo principal é aliviá-los e proporcionar-lhes o que precisam para superar a doença.

É necessária uma abordagem semelhante para se recuperar emocionalmente e voltar à vida após uma perda. Devemos nos conhecer bem e aprender a amar a nós mesmos como Deus nos ama. Ouça a sabedoria de Agostinho, do ano 400 d.C.: "Como você pode se aproximar de Deus quando está longe de si mesmo? Conceda-me, Senhor, que eu me conheça para poder conhecê-lo".[119]

Nesse sentido, permita-me destacar duas necessidades básicas inegociáveis para que seu coração se recupere.

- *Reduza a velocidade para não desmoronar*. Conserve a energia. Recuse-se a se esforçar demais e rapidamente, em vez de passar o dia com os punhos cerrados. Responda rapidamente às necessidades legítimas do seu corpo: sinais de dor, tensão, fome, sede e fadiga.

- *Seja gentil e bondoso consigo mesmo.* Aceite com bondade sua dor como parte do ser humano.[120] Alivie sua carga. Encontre maneiras de se liberar de expectativas e exigências desnecessárias.

Prática curativa: reconheça seus pensamentos e sentimentos com compaixão

Durante as semanas e meses que se seguiram às minhas dolorosas perdas, cuidar do meu coração foi uma prática diária. Eu me conectava comigo mesma de maneiras simples, como faria com um ente querido em desespero. Criei um espaço para estar com Deus, sintonizar meus pensamentos e sentimentos e buscar sabedoria.

Você está disposto a experimentar? Você gostaria de descobrir o que pode acontecer quando você faz uma pausa, respira profundamente e convida o Espírito Santo a explorar suavemente seu coração com você? Você pode se surpreender com a bondade que Ele revela. A graça e o amor andam de mãos dadas com a dor.[121]

Um convite à ação

1. Durante os 15 a 30 minutos que você reservou para este trabalho de cura, dedique cinco desses minutos para sintonizar com suas emoções e desenvolver a consciência emocional.

   É melhor dedicar alguns minutos de forma constante do que aspirar a mais do que realmente pode suportar. O objetivo é criar um ritmo regular de encontro com Deus em um espaço tranquilo e confortável, livre de distrações, na medida do possível.

2. Respire conscientemente: dedique alguns minutos para respirar lenta e deliberadamente. Deixe seu corpo se acalmar e sua mente se tranquilizar. Entregue-se a Deus, juntamente com tudo o que está acontecendo. Convide gentilmente o Espírito Santo para examinar seu coração e iluminar o que está acontecendo dentro de você.

Para crescer em consciência emocional, faça a si mesmo estas três perguntas:

O que estou sentindo? Identifique três emoções que você está experimentando. Use a *tabela de emoções* abaixo para ajudá-lo a encontrar as palavras certas. Em seguida, classifique a intensidade de cada emoção em uma escala de 1 a 10 (de baixa a alta). *Se você pode nomeá-la, você pode dominá-la.*

O que desencadeou essas emoções? Escreva o que estava acontecendo ou o que você estava pensando quando percebeu esses sentimentos.

Que pensamentos estão relacionados a esses sentimentos? Descreva os pensamentos específicos associados às emoções. Reflita com compaixão: leve em consideração qualquer detalhe relevante sobre "quem, o quê, quando, onde ou por quê".

Com o tempo, releia seu diário. Você começará a ver sinais claros de crescimento e cura escritos com suas próprias palavras.

Meus Sentimentos

INTENSIDAD DE LOS SENTIMIENTOS

FELIZ	TRISTE	COM RAIVA	ASSUSTADO	ENVERGONHADO
Animado	**Deprimido**	**Furioso**	**Aterrorizado**	**Difamado**
Extasiado	**Agonizado**	**Enraivecido**	**Horrorizado**	**Remorso**
Eufórico	**Sozinho**	**Indignado**	**Paralisado de medo**	**Desonrado**
Emocionado	**Machucado**	**Fervendo**	**Apavorado**	**Repreendido**
Empolgado	**Triste**	**Irado**	**Em pânico**	
	Miserável	**Fervendo de raiva**	**Chocado**	
Gratificado	De coração partido	Enojado	Apreensivo	Arrependido
Alegre	Sombrio	Bravo	Assustado	Furtivo
Satisfeito	Perdido	Frustrado	Inseguro	Culpado
Aliviado	Aflito	Agitado	Descon-fortável	Secreto
Radiante	Melancólico	Perturbado	Intimidado	
	Decepcio-nado	Irritado	Ameaçado	
Contente	Infeliz	Perturbado	Nervoso	Ridículo
Agradável	De mau humor	Aborrecido	Preocupado	Arrependido
Carinhoso	Triste	Tenso	Tímido	Com pena de si
Satisfeito	Chateado	Irritado	Inseguro	Bobo
Tranquilo	Desapontado	Suscetível	Ansioso	
	Insatisfeito	Resistente	Cauteloso	

Se você pode nomear, você pode dominar.

3. Tenha cuidado com padrões de pensamento pouco saudáveis - Estas três perguntas podem ajudá-lo a detectar hábitos mentais que podem estar mantendo você preso à dor por mais tempo do que o necessário:

    - Que pensamentos ou emoções negativas continuam a rondar a minha mente? Considere os pensamentos e sentimentos relacionados com o medo, a raiva, a culpa, o arrependimento ou a vergonha. Anote-os.

    - Tenho repetido pensamentos tóxicos? Isso pode incluir ideias relacionadas à culpa, vingança, "eu deveria/poderia/precisava", "e se" e "se ao menos", ou pensamentos desesperadores. Reserve um momento para anotar o que você observou.

    - Minha mente tem divagado no piloto automático? Anote rapidamente para onde seus pensamentos costumam vagar quando você não está concentrado.

4. Escreva uma carta de compaixão para si mesmo. Com gentileza e amor, agradeça ao seu coração, alma, mente e corpo por tudo que fizeram para ajudá-lo a superar a dor de suas perdas. Reconheça como cada parte de você suportou dores profundas e o ajudou a seguir em frente. Se você tem sido duro consigo mesmo, peça perdão. Perdoe-se por tudo que guarda rancor.

    Em seguida, descreva três maneiras específicas pelas quais você demonstrará mais compaixão e silenciará a autocrítica no futuro. Podem ser pequenas ações diárias, pensamentos gentis ou práticas simples que o lembrem de que você merece ser cuidado.[122]

Preste atenção ao seu foco. Aquilo em que você se concentra cresce e influencia sua qualidade de vida.

Não desanime quando coisas inesperadas surgirem e perturbarem seu tempo com Deus. A vida é cheia de interrupções, e isso é normal. Quando os planos dão errado, isso não significa que você falhou. Simplesmente recomece assim que puder.

Conceda-se graça e acolha seu coração com delicadeza em um espaço livre de julgamentos.[123] Seja honesto com Deus e consigo mesmo sobre o que é real. Ele não está fazendo contas, Ele simplesmente deseja estar com você.

O mais importante é que você continue voltando, mantenha a conexão com Deus e dedique tempo para se curar.[124] Um momento de cada vez, uma respiração de cada vez: você está se curando e Ele está com você a cada passo.

Lembre-se de que sua dor é tão única quanto sua impressão digital: ninguém mais a sente exatamente como você. Ela é moldada pelo seu amor, sua história e sua perda. Portanto, por favor, seja gentil consigo mesmo.

Ofereça ao seu coração a bondade de que ele precisa para se curar. Permita-se ouvir, ouvir de verdade, o que sua alma lhe diz. Deixe suas emoções falarem sem julgá-las e acolha-as com compaixão.

Mantenha um foco simples:

"*Reconheça* o que seu coração lhe diz com compaixão".

Imagine essas palavras brilhando como uma luz neon quente na escuridão. Deixe essa imagem gravar-se na sua memória como um lembrete suave para se tratar com a mesma gentileza com que trataria um amigo querido.

A cura não deve ser apressada. Basta honrá-la. Um passo gentil de cada vez.

No plano de Deus, os ritmos da transformação são graduais e suaves. A orientação vem com sabedoria e no tempo certo. Deus conhece você melhor do que você mesmo, está plenamente ciente de suas necessidades e proverá de maneiras que você ainda não conhece.

Na segurança do amor de Deus, mantenha-se aberto e observe o que acontece. Deus o encontrará lá. E, pouco a pouco, você começará a notar silenciosos lampejos de liberdade surgindo dentro de você, sinais sutis e belos de que a cura está ocorrendo.[125]

É assim que a reparação funciona: não de uma só vez, mas pouco a pouco, passo a passo.

Pessoas de todas as origens trilharam esse caminho, escolhendo se associar a Deus na lenta e sagrada tarefa de curar seus corações.[126] Muitos continuam desfrutando hoje das recompensas: uma sensação mais profunda de paz, um propósito renovado e a alegria de se tornar um salva-vidas para outras pessoas que sofrem. Seu florescimento não foi acidental. Eles tomaram a decisão de se apresentar e continuar praticando.

Eles descobriram algo verdadeiro: *a prática não leva à perfeição, a prática leva à melhoria.*

Você pode fazer o mesmo. Você pode aprender, crescer e colaborar com confiança com Deus, não apenas para curar seu próprio coração partido, mas também para levar consolo e esperança aos outros.

Conte com isso: cada pequeno ato de cuidado faz diferença. Cada passo suave à frente convida a mais graça, mais força e mais fé para o que está por vir.

Quanto maior for a sua dor, maior será a provisão de Deus. Quanto maior for a sua necessidade, maior será a oportunidade de confiar no poder regenerador de Deus que, neste exato momento, está agindo poderosamente *em* você.[127]

Ainda há mistérios surpreendentes a serem revelados ao longo do seu caminho para a renovação.

10

VISITAS DE ANJOS NA ESCURIDÃO

Crentes, olhem para cima, tenham coragem.
Os anjos estão mais perto do que vocês imaginam.
Billy Graham

As próximas páginas que vocês estão prestes a ler são difíceis para mim compartilhar abertamente. Elas detalham meus momentos mais vulneráveis e dolorosos, que, sinceramente, eu preferiria manter em privado e não expor.

Então, por que insisto em contar essa parte da minha história? Primeiro, porque me comprometi com o COMO (ser Honesta, Aberta e Disposta) na forma como me conecto com você. Segundo, porque quero lançar um pequeno raio de luz na densa névoa do seu luto e chamar sua atenção, com delicadeza, para o reino sobrenatural que envolve cada um de nós. O Amor Trino e os anjos em missão estão sempre perto, mesmo quando não percebemos.[128] Me dê um pouquinho de espaço para explicar o que quero dizer.

* * *

As sirenes ressoavam no ar. Luzes vermelhas piscavam em todas as direções, como uma bola de discoteca iluminando o céu noturno.

"Meu Deus!", gritou Jessie. "Por favor, NÃO, não...".

Correndo descalça pela rua, nossa filha Jessie abriu caminho através de uma longa fileira de arbustos, procurando um lugar na cerca de onde pudesse ver o que estava acontecendo. Agitando os braços freneticamente e gritando com toda a força, ela tentou chamar a atenção dos policiais. Foi inútil. Eles não podiam ouvi-la por causa do barulho da rodovia.

Naquele momento, nossa amiga Caroleena viu Jessie ao lado da cerca e levou um policial até ela.

Quatro horas antes...

Nossa família tinha sido convidada para se juntar aos nossos amigos em seu camarote para assistir a um jogo de basquete do Portland Trail Blazers. Nathan adorava assistir aos Blazers jogarem!

John acordou naquela manhã com febre e gripe, então Matt e Caroleena usaram nossos ingressos para levar Nathan ao jogo. Matt, um experiente assistente de educação especial, conhecia bem Nathan. Ele era um grande amigo de Nathan (também chamado de assistente pessoal) no acampamento de verão, e Nathan gostava muito dele.

O relógio do segundo quarto zerou e o estádio fervia de emoção. O Portland Trail Blazers estava dando uma surra no San Antonio Spurs. Jessie e Nathan se divertiram muito enquanto compartilhavam um sanduíche e um refrigerante.

Durante o intervalo, Jessie se inclinou para Nathan, tocou sua bochecha com o dedo e pediu um beijo. De vez em quando, ela tinha sorte e Nathan lhe dava um beijo rápido na bochecha. Desta vez, Nathan corou de vergonha, recuou timidamente e acenou com a mão, dizendo: "Ahhhhh... Não...".

"Bem, então posso te dar um beijo?", perguntou Jessie. "Ahhhh... Tudo bem", disse Nathan, cedendo timidamente.

Jessie deu-lhe um grande beijo vermelho na bochecha, que ele se apressou a limpar com um sorriso.

Jessie convidou Nathan para usar o banheiro da suíte antes do início da segunda parte. Ele entrou na fila atrás de várias pessoas e aceitou esperar pacientemente sua vez.

O noivo de Jessie, Chris, foi ver como Nathan estava alguns minutos depois. A fila havia diminuído e a porta do banheiro estava trancada. Chris chamou, mas não houve resposta. Nathan não gostava de interrupções e, muitas vezes, não respondia a ninguém quando estava no banheiro. Chris supôs que Nathan quisesse privacidade e esperou do lado de fora. Ele entendia as peculiaridades das crianças com necessidades especiais, pois havia crescido com uma irmã adotiva que tinha um atraso no desenvolvimento mental.

Naquele momento, Matt, o marido de Caroleena, invadiu a suíte e caiu no chão, lutando para respirar. Ele mal conseguiu articular as palavras: "Nathan foi atropelado por um carro do lado de fora do Moda Center".

Com uma força de aço e uma concentração férrea, Jessie respondeu: "Matt, não é o momento de desmoronar. Recupere-se. Temos que ir buscar o Nathan!".

Jessie e Chris saíram correndo a toda velocidade para obter mais informações. Um policial lhes disse que Nathan estava consciente quando a ambulância partiu para o Hospital Emanuel. Chris dirigiu enquanto Jessie pegava seu celular. Depois de respirar fundo para recuperar a compostura, ela discou meu número e esperou.

"Mãe... você está sentada?", perguntou ela.

Senti um nó no estômago ao ouvir o tom de sua voz. Era óbvio que algo estava errado.

"Mãe, Nathan foi atropelado por um carro. Ele está em uma ambulância a caminho do Hospital Emanuel. Você pode se encontrar conosco lá?"

A adrenalina percorreu meu corpo. Com o coração batendo forte no peito, eu queria me esconder e ficar furiosa ao mesmo tempo. Corri pela cozinha recolhendo minhas coisas, contei a notícia para John e procurei freneticamente as chaves do carro na minha bolsa.

Meu telefone tocou novamente.

"Olá, estou ligando do Hospital Emanuel. Você é a Sra. Vredevelt?" "Sim, sou eu", respondi com a voz trêmula.

"Seu filho está aqui conosco. Ele foi atropelado por um carro e os médicos traumatologistas estão com ele agora. Você pode vir ao pronto-socorro do Hospital Emanuel?"

"Sim, claro!"

"Tem alguém que possa levá-la?"

"Não! Meu marido está gripado. Vou para lá agora mesmo!".

Pisando fundo no acelerador, gritei: "Meu Deus, por favor, tenha piedade do Nathan".

Era uma prece que eu já havia feito muitas vezes pelo nosso filho. Crescer com necessidades especiais não foi fácil para ele.

As imagens intrusivas de Nathan sendo atropelado por um carro desencadearam uma explosão de emoções. As ondas de náusea se intensificaram, exigindo uma saída.

"Respire, Pam... respire...".

Eu mal conseguia ver a estrada através das lágrimas que escorriam pelo meu rosto. De repente, o trânsito parou completamente, prendendo-me em uma fila de carros bloqueados por quilômetros. Milhares de veículos que saíam do jogo dos Trail Blazers estavam parados ou avançavam lentamente. Eu não tinha ideia de que o acidente de Nathan estava causando o engarrafamento.

Saindo da estrada principal, dirigi por um labirinto de ruas secundárias em direção ao hospital e me deparei com um beco sem saída após o outro. A impotência pode enterrar você vivo se você permitir. Respirei fundo várias vezes, parei na calçada e liguei para o hospital para pedir orientações.

Uma mulher simpática ao telefone me indicou como chegar ao estacionamento da emergência do hospital pelas ruas locais. Jessie me recebeu na porta e me acompanhou até um saguão lotado de pessoas.

Meus olhos se fixaram instantaneamente em Matt e Caroleena, o jovem casal que havia levado Nathan ao jogo. Lágrimas corriam pelo rosto de Matt enquanto ele se desculpava repetidamente. Abraçando os dois, tentei de todas as formas tranquiliza-los e dizer que o acidente não era culpa deles. Poderia ter acontecido com qualquer um.

Uma mulher baixa e de cabelos escuros nos interrompeu. "Os médicos precisam falar com vocês, e depois eu os levarei até o Nathan".

Entramos em uma pequena sala de conferências ao virar da esquina, onde a equipe de traumatologia se apresentou e revisou os fatos.

"Nathan tem as pernas e a pelve quebradas. Há outras lesões internas, mas nossa maior preocupação é o traumatismo craniano. Ele tem inflamação cerebral e precisamos agir rápido para aliviar a pressão".

Eu mal conseguia assimilar o que estava ouvindo. Sem uma cirurgia imediata, Nathan morreria. Com a cirurgia, os médicos não sabiam se ele sobreviveria.

Fiquei ali parada, incrédula. Apenas algumas horas antes, Nathan e eu ríamos e nos abraçávamos. Agora eu estava paralisada até os ossos, assinando mecanicamente os papéis para que os médicos salvassem meu filho.

Uma sensação pesada de desânimo me dominou. Os movimentos ao meu redor tornaram-se mais lentos e adquiriram um tom quase surreal. O pânico apertava meu peito. Sentia-me como se tivesse pesos de cem quilos amarrados aos tornozelos enquanto caminhava pelo corredor estéril em direção a Nathan.

Dobramos uma esquina e entramos em um pequeno saguão. As luzes fluorescentes ofuscantes refletiam nas grades metálicas de ambos os lados de Nathan, que estava imóvel em uma maca.

"Oh, Nathan!", gritei sem emitir nenhum som.

Uma gaze ensanguentada envolvia a cabeça de Nathan, cobrindo parcialmente os hematomas e as queimaduras causadas pelo asfalto. Segurando suavemente sua mão, inclinei-me para falar em seu ouvido, com lágrimas caindo sobre sua bochecha. Queria que ele sentisse meu toque, ouvisse minha voz e soubesse que eu estava com ele.

"Olá, Nathan. Estou aqui... O Pai chegará em breve. Estamos com você, amigo. Sinto muito que você esteja passando por isso. Eu te amo, Nathan. Sinto muito... muito mesmo...".

Acariciando cuidadosamente seu rosto com a mão, rezei: "Meu Deus, acompanhe Nathan. Faça-o sentir o seu amor. Dê sabedoria aos médicos. Ajude-os a cuidar bem do meu filho".

Eu não tinha certeza se meus ossos me sustentariam se eu soltasse Nathan, mas o cirurgião continuava insistindo: "Temos que agir rapidamente".

Beijei-o suavemente na bochecha e sussurrei pela última vez: "Eu te amo, Nathan. Vejo você em breve".

Vi a equipe levar Nathan pelo corredor, até que o som inquietante das portas duplas de metal se fechou atrás deles.

Mary, uma assistente social do hospital, acompanhou-me até uma sala de espera privada.

Meus sentidos estavam inundados. Intelectualmente, eu sabia que Nathan estava em estado crítico, mas emocionalmente eu estava me afogando, nadando às cegas em minha própria pele. Eu precisava respirar, acalmar as vibrações trêmulas que ameaçavam provocar um colapso.

Deixei-me cair na cadeira, recostei a cabeça no almofadão e fechei os olhos. A sala estava em silêncio. Minhas mãos estavam frias. Mary disse que meu rosto estava tão pálido quanto as paredes.

John dirigiu imediatamente para esperar com Jessie e comigo durante a cirurgia de Nathan. Vários amigos vieram e ficaram ao nosso lado.

Estávamos lutando em território desconhecido. A vigília noturna tinha acabado de começar.

* * *

Uma amiga íntima se aproximou de nós e se ajoelhou diante de John e de mim. Charonne é uma mulher de oração contínua que se apega a Deus como uma trepadeira a uma treliça. Nos quarenta anos em que a conhecemos, admiramos sua inteligência e sua sensibilidade aguçada para com Deus e as pessoas. Charonne, uma esposa, mãe e diretora de escola aposentada muito respeitada, é uma das pessoas mais perspicazes que conhecemos.

Char e seu marido, Al, sabiam o que era ter um filho à beira da vida e da morte. Seu filho de quatorze anos, Dustin, sofreu graves lesões cerebrais em um acidente de skate. Eles acompanharam Dustin durante os exaustivos anos de recuperação e passaram longos períodos de tempo ajoelhados.

Hoje, Dustin é gerente de uma das maiores e mais avançadas empresas de semicondutores do mundo. Os médicos dizem que sua cura é nada menos que milagrosa.

Os olhos azuis penetrantes de Charonne encontraram os meus e senti um empurrãozinho que me alertou para prestar muita atenção.

"Pam e John, vejo um anjo parado ao lado da cabeceira da cama de Nathan. Ele está concentrado, observando Nathan atentamente. É o mesmo anjo que

Nathan viu atrás de sua cadeira de balanço quando era criança. É enorme e forte. Não sei o que tudo isso significa, mas tenho certeza de uma coisa: Nathan não está sozinho".

Meus olhos se encheram de lágrimas enquanto eu me perguntava qual era o papel do mensageiro sagrado de Nathan. O anjo havia sido enviado para comunicar algo importante a Nathan? Ele havia vindo para ajudar os médicos? Era um guardião encarregado de acompanhar Nathan ao céu?

Minha mente voltou a todas as tardes que passei sozinha com Nathan na cadeira de balanço. Fazia muito tempo que eu não pensava *naquele* anjo.

Desde o dia em que o trouxemos para casa após o nascimento, Nathan e eu tínhamos uma rotina para dormir. Nós nos aconchegávamos juntos em uma grande cadeira de balanço de pelúcia e eu cantava canções para ele enquanto o embalava. Ele ficava deitado em meus braços, com os olhos fixos nos meus, até que a imagem ficava embaçada e ele adormecia.

Uma noite, quando Nathan tinha dezoito meses, eu estava alimentando-o antes de dormir. Mas, em vez de olhar para mim, como fazia todas as outras noites, ele não parava de virar a cabeça para a parede branca do outro lado do quarto. Estava escuro e, por mais que eu tentasse, não via nada ali que pudesse distraí-lo e chamar sua atenção.

Cada vez que ele se afastava, sua boca perdia a sucção e o leite escorria pelo seu rosto e me respingava. Querendo encher seu estômago para a noite e manter minhas calças secas, tentei virar sua cabeça para mim pela quarta vez. Foi inútil.

Seu olhar estava fixo em algo naquela parede. Mas não havia nada ali. Nem sombras, nem padrões de luz. Nada.

Fiquei curioso e perguntei baixinho: "Nathan, o que você está olhando? O que você vê?".

Uma pergunta boba. Mesmo que ele pudesse falar (o que ainda não era possível), sua boca estava coberta pelo peito! Por alguma razão desconhecida, perguntei: "Nathan, você vê anjos?".

Ainda não sei por que fiz essa pergunta, já que anjos não eram um assunto comum em nossa casa. Não tínhamos livros infantis sobre anjos, então o conceito seria completamente estranho para Nathan. Mas quando disse a palavra *"anjo"*, pareceu-me óbvio que Nathan a compreendeu.

Ele voltou a fixar a atenção na parede branca e sorriu de orelha a orelha. Era como se dissesse: "Muito bem, mãe! Finalmente você entendeu!".

Guardei esse incidente no meu coração e quase o esqueci até que Nathan completou três anos. A cena era muito semelhante. A mesma cadeira de balanço. A mesma hora da tarde. A mesma rotina noturna. Mas, em vez de se deitar nos meus braços, desta vez ele se aconchegou no meu colo, apoiou a cabeça no meu ombro e adormeceu enquanto eu cantava.

Estávamos os dois quase adormecidos, quando de repente ele se inclinou para trás, saltou para cima e para baixo e apontou freneticamente para trás da cadeira de balanço, gritando: "Aaa! Aaa! Aaa!". Naquela noite, eu estava muito cansada e só queria ir para a cama. Impaciente com as travessuras dele, disse: "Nathan, não é hora de brincar. É hora de dormir!".

Mas ele continuou pulando, apontando para trás da cadeira e gritando: "Aaa! Aaa! Aaa!". Sua insistência me lembrou de uma ocasião anterior em que ele ficou olhando e sorrindo para a parede escura e vazia.

"Nathan", perguntei, "você está vendo anjos?".

Desta vez, ele disse: "Da!", com um sorriso. Contente com a minha resposta, ele voltou a apoiar a cabeça no meu ombro e adormeceu instantaneamente. "Da" significa "sim" no vocabulário de Nathan.

Ainda um pouco cética, fiz um teste na manhã seguinte. Quando nossa amiga Margaret veio à nossa casa, eu disse: "Nathan, você pode mostrar à Margaret onde viu os anjos ontem à noite?".

Ele pegou na mão dela, levou-a para o quarto das crianças e apontou para trás da cadeira de balanço.

Minhas dúvidas anteriores desapareceram naquele dia. Passos no corredor interromperam minhas reflexões.

Os médicos de Nathan tinham novidades: "Removemos uma pequena parte do crânio para que o cérebro tivesse espaço para inchar. É muito cedo para saber se ele sobreviverá ou não. Agora só nos resta esperar. Temos que monitorar o cérebro dele nos próximos dias. Enquanto isso, estamos fazendo todo o possível para que ele se sinta confortável".

Insisti para saber mais: "Nathan adora seu irmão mais velho, Ben, que está na universidade em Nashville, Tennessee. Temos que trazer Ben para casa?".

Estudei os rostos dos médicos em busca de pistas, mas não encontrei nenhuma. Suas respostas eram vagas e evasivas por um bom motivo. Havia muitas incógnitas para fazer previsões.

Mary, a assistente social, ficou por perto. Quando os médicos voltaram para o centro cirúrgico, a convicção intrépida nos olhos de Mary dizia mais do que suas palavras: "Sugiro que tragam o irmão de Nathan no primeiro avião que sair de Nashville".

Jessie e eu pegamos o elevador para a Unidade de Terapia Intensiva Pediátrica, para onde Nathan seria levado após a cirurgia. John não podia arriscar expor outras pessoas à gripe, então foi para casa. Era tarde. Estávamos exaustos e atordoados pelo trauma do dia.

Jessie se recusou a ir embora, decidida a passar a noite com Nathan em seu quarto. As gentis enfermeiras de plantão não a incomodaram quando ela se deitou na cama ao lado de Nathan. Acariciando suavemente sua pele, ela sussurrou orações durante toda a noite.

Meus pensamentos voavam em todas as direções, tentando encontrar sentido nas coisas, mas a busca pela lógica só terminava em uma sensação avassaladora de fraqueza. Eu não conseguia imaginar a vida sem Nathan.

Na esperança de recuperar um pouco da sanidade antes do amanhecer, segui John até casa para descansar.

Mal sabíamos que mistérios sagrados nos aguardavam. Nas horas silenciosas da noite, o céu tocou a terra.

Um convite à ação

1. Escreva em seu diário sobre uma ocasião em que você, ou alguém que você conhece, se perguntou se os anjos estavam envolvidos na situação.

2. Explore suas reações diante do inexplicável: como você costuma reagir quando algo misterioso ou inexplicável acontece? Que pensamentos ou emoções surgem em você? O que você acredita sobre encontros sobrenaturais e como você chegou a essas crenças?

3. Descreva uma ocasião em que você, ou alguém que você conhece, experimentou algo misterioso, milagroso ou claramente guiado por Deus, que parecia além da explicação humana.

4. Busque a perspectiva de Deus: pergunte a Deus o que Ele quer que você entenda sobre as experiências que você descreveu nos pontos 1 e 3. Dedique alguns momentos de silêncio para ouvir e escreva o que vier à sua mente.

HÁ MAIS PARA VOCÊ

Seja o que for que a trouxe até este livro, Deus esteve com você em cada passo da jornada—e Ele ainda não terminou. A cura leva tempo, e cada página que você leu é prova da sua coragem.

Você não precisa enfrentar isso sozinha. Em MendingMiracles.com, há mais ferramentas práticas esperando para apoiá-la na restauração que Deus tem para você—no seu próprio ritmo, com a esperança guiando o caminho.

ESCANEIE O CÓDIGO QR E DÊ SEU PRÓXIMO PASSO

11

ENCONTROS COM DEUS

Se nos deparamos com um desejo
que nada neste mundo pode satisfazer,
a explicação mais provável é que fomos criados
para outro mundo.
C. S. Lewis

Deitei-me na cama buscando consolo nos braços de John. Era quase impossível silenciar o torrente de pensamentos que se aglomeravam em minha mente. Muito lentamente, o sono chegou, proporcionando-me um vislumbre de fuga da realidade brutal.

Durante as primeiras horas da manhã, virei-me, cobri-me com o cobertor até ao queixo e entreabri os olhos, a tempo de ver que o relógio marcava 3:00 da manhã. Num momento transcendental que parou o mundo, ouvi um sussurro: “Vou trazê-lo para casa”.

A presença bondosa de Deus era palpável. Não sei se meus ouvidos captaram a mensagem de forma audível ou se eu a percebi de outra maneira. O que sei é que Deus estava falando sobre Nathan.

Vou trazê-lo para casa. A voz carinhosa e suave do amor ficou gravada para sempre na minha memória.

Estávamos sendo redirecionados. A intenção transmitida era contrária ao que nós e milhares de pessoas estávamos rezando em todo o país. Nossa família e amigos pediam a Deus que tocasse o corpo destruído de Nathan e o curasse.

Durante anos, tivemos o privilégio de ver milagres de perto, orando com pessoas tanto aqui como em todo o mundo. Em muitos lugares, especialmente em países do terceiro mundo, vimos como a fé infantil daqueles a quem servíamos dava espaço para que Deus agisse com poder. Vimos tumores desaparecerem, olhos cegos verem, costas endireitarem-se, opressões pesadas serem levantadas e doenças desaparecerem.

Quando oramos por Nathan, recorremos a essa mesma fé expectante, acreditando em um milagre.

Deus ouviu nossas súplicas e, com grande compaixão, entrou em nosso sofrimento para acalmar nossos corações e nos revelar Seu plano.

Na manhã seguinte, contei a John o que tinha ouvido, duvidando de mim mesma enquanto contava a história.

"Acho que ouvi Deus dizer: "Vou levá-lo para casa". Posso estar enganada. Eu estava meio adormecida. Tudo parece confuso e ao contrário...".

Apertando suavemente a minha mão, John interrompeu-me para me tranquilizar: "Não, Pam", disse ele, abanando a cabeça, "quando ouves, ouves".

Uma onda de tristeza indescritível nos invadiu, ao sentir que nosso tempo com Nathan estava chegando rapidamente ao fim.

A caminho do hospital, ligamos para meus pais na Califórnia.

Meu Pai atendeu, aliviado ao ouvir nossas vozes. Ele estava esperando nossa ligação.

Desde o momento em que o avô viu Nathan, os dois compartilharam um vínculo único. Tenho lembranças vívidas do meu pai segurando Nathan quando ele era um bebê em sua poltrona reclinável favorita, com lágrimas de compaixão rolando por suas bochechas. Ele intuía o longo e difícil caminho que esperava por Nathan. Minha Mãe e Pai rezavam todos os dias por ele e por todos nós.

"Pai, os médicos dizem que estamos em modo de espera pelos próximos três dias", expliquei. "Há muitas incógnitas para que eles possam prever o resultado. Eles dizem que já viram pessoas com lesões mais graves sobreviverem e outras com lesões menos graves não sobreviverem. Continuam nos dizendo que mantêm a esperança de que Nathan se recupere".

Contei ao meu pai sobre meu encontro às 3h da manhã: "Sinto que Deus vai levar o Nathan para casa".

"Querida, eu também", ele respondeu.

John olhou para mim com uma expressão que dizia: "Você acabou de dizer o que eu acho que você disse?". A rápida aceitação do meu pai nos surpreendeu. Não era comum ele tirar conclusões tão rapidamente sem antes investigar e ponderar cuidadosamente todos os detalhes. Meu pai é um gênio da matemática que se formou em Engenharia na Academia Naval dos Estados

Unidos. É um homem profundamente compassivo e crente, um pensador crítico e um líder brilhante.

Perguntei-me silenciosamente o que teria motivado sua resposta. A história continuou.

"Ontem à noite não consegui dormir", disse ele. "Por volta das 3h da manhã, levantei-me da cama e fui para o escritório descansar na minha poltrona reclinável. Mãe estava dormindo e a casa estava silenciosa. Cobri-me com um cobertor, deitei-me na minha cadeira e comecei a orar por Nathan e por todos vocês.

Acho que não tenho as palavras certas para explicar o que aconteceu. Era como se eu estivesse em outra *dimensão*. Não sei se Deus nos dá a oportunidade de nos despedirmos de nossos entes queridos em sua jornada para o céu, mas naquele momento, de alguma forma, senti que Nathan estava comigo. Ele queria que eu soubesse que estava bem e que me amava. Querida, não entendo tudo, mas sei em meu coração que Nathan está bem e que tudo vai ficar bem.

A história do pai deixou John e eu sem palavras. Nunca o tínhamos ouvido falar assim antes.

Fiquei maravilhada com o planejamento meticuloso desses dois encontros às 3h da manhã.[129] A setecentos milhas de distância, exatamente no mesmo instante, Deus me disse: "Vou trazê-lo para casa", enquanto o pai percebeu o carinhoso adeus de Nathan.

Da noite para o dia, parecia que de repente nos tornamos contempladores de riquezas secretas, tesouros inestimáveis concedidos misericordiosamente por amor.[130] Sem que soubéssemos, os dons generosos do céu, distribuídos para o bem de todos, dispensados para o bem de todos, estavam apenas começando.[131]

Eu lhe darei os tesouros das trevas e as riquezas ocultas dos lugares secretos,
para que saiba que sou eu, o Senhor... que o chama pelo nome.
Isaías 45:3, AMP

A visão de Jessie (*contada por Jessie logo após o acidente de Nathan)*

Meu irmão mais novo, Nathan, estava em coma, conectado a um respirador artificial na UTI pediátrica do Hospital Emmanuel. No dia anterior, um carro que circulava a 90 km/h na rodovia o atropelou com toda a sua força. O impacto devastador causou-lhe uma lesão cerebral, fraturas ósseas e outros danos em órgãos vitais.

Nossa família se revezava para ficar com Nathan 24 horas por dia. Pegávamos sua mão, acariciávamos seus braços, cantávamos sobre o amor de Deus e falávamos sobre seu valor inestimável.

Fomos envolvidos por uma estranha sucessão de acontecimentos. Num momento, estávamos juntos no Moda Center, torcendo pelo time de basquete da nossa cidade, o Portland Trail Blazers. No momento seguinte, estávamos reunindo pessoas para procurar Nathan no estádio.

Enquanto esperava na fila para usar o banheiro da suíte, Nathan escapuliu silenciosamente por uma porta adjacente a um saguão lotado, cheio de espectadores que procuravam comida e banheiros durante o intervalo.

Nathan não era capaz de prever consequências imprevistas, o que eu acho que era tanto uma bênção quanto uma maldição. Ele nasceu com síndrome de Down e gostava de aventuras ousadas.

Quando minha mãe e pai chegaram ao quarto de Nathan, fui descansar em um trailer que alguns amigos nos deixaram no estacionamento do hospital. Enrolada em um cobertor na cama, as imagens de Nathan correndo no escuro pela rodovia, desorientado pelas luzes que se aproximavam em alta velocidade, se repetiam sem parar na minha mente. Eu não queria fechar os olhos, com medo de reviver o horror interminável em meus sonhos. O tormento de Nathan, sozinho, assustado e com uma dor horrível, era mais do que eu podia suportar.

Naquele momento, foi como se Deus tivesse aberto uma cortina e meus olhos para ver o reino invisível. Eu estava no local do acidente, olhando para a parte de trás da ambulância, cercada pela noite escura. Os paramédicos estavam no asfalto tentando reanimar Nathan. A luz penetrava na escuridão através das portas abertas da ambulância vazia.

E lá estava Nathan, sentado no banco de trás da ambulância com Jesus, chutando as pernas para frente e para trás de maneira brincalhona, como crianças na ponta de um cais durante as férias de verão. Nathan estava radiante! Jesus colocou o braço ao redor de Nathan. Eles trocaram olhares como dois melhores amigos animados que não se viam há anos.

A cena mudou para um close-up de Nathan. Ele parecia meu irmão mais novo, mas não havia nenhum sinal da síndrome de Down. Ele estava radiante, completo e emocionado por estar com Jesus.

O brilho nos olhos de Nathan e seu sorriso brincalhão diziam: "Tenho um segredo, Nana (seu apelido para mim). Sei algo que você não sabe. Ha, ha!". Não tenho dúvida de que o que senti era, sem dúvida, Nathan. Ele adorava me provocar.

Jesus e Nathan observaram atentamente enquanto os paramédicos recolhiam seu corpo do chão e o colocavam na ambulância. Então, tão rápido quanto havia aparecido, a imagem desapareceu em um instante. Senti uma paz repentina e calorosa me envolver e soube, sem sombra de dúvida, que Nathan não estava com medo. Ele não sentia dor e, sem dúvida, Nathan não estava sozinho. Depois disso, minha mente nunca mais reviveu o acidente de Nathan na forma de flashback.

Nossa família chama isso de milagre reparador.

132

Um convite à ação

1. Descreva em seu diário uma ocasião em que você sentiu que Deus sussurrou para você. Qual foi a mensagem e como você respondeu? Descreva os pensamentos e sentimentos que você teve naquele momento.

2. Descreva como você costuma orar por si mesmo e por outras pessoas que estão sofrendo. Quando e como você aprendeu essa abordagem?

3. Escreva uma oração emocionalmente sincera em seu diário:

   - Compartilhe com Deus o que você deseja experienciar mais e menos durante a oração.

   - Explique como as orações não respondidas influenciam sua prática atual de oração.

   - Descreva o que você tende a concluir sobre Deus, sobre a oração e sobre si mesmo quando suas orações não são respondidas da maneira que você deseja.

   - Conte a Deus seus pensamentos, sentimentos e perguntas sinceras sobre os encontros espirituais, como os descritos nos dois últimos capítulos.

12

LÁGRIMAS

Um coração ferido vai sarar com o tempo e, quando isso acontecer, a lembrança e o amor dos nossos entes queridos que se foram ficarão gravados dentro de nós para nos consolar.
Brian Jacques

Desde criança, Nathan tinha dificuldade em entender que os limites que estabelecíamos eram para protegê-lo. Mas, para ser justa, não posso culpá-lo. Suas necessidades especiais tornavam a aprendizagem mais difícil. Também acredito que seu impulso por independência surgiu de forma bastante natural. Será que a maioria de nós não compartilha essa mesma predisposição no âmago de nossa humanidade?

Quando nos afastamos, não tendemos a esquecer uma verdade fundamental? Deus nos dá limites para manter o bem dentro e o mal fora. Os limites de segurança são para nossa proteção.

Deus sabe que quando nos separamos e nos afastamos do amor, acabamos confusos e desorientados. Sofremos. Perdemos qualidade de vida. Os relacionamentos se rompem. Acabamos assustados e destruídos. Parte de nossa alma morre.

E o Amor Perfeito nos observa, desejando muito mais para nós. Deus sabe melhor do que ninguém o que é ter filhos que se afastam. Moisés disse: "Porque o Senhor, teu Deus... conheceu as tuas andanças".[133] Ele sabe o que é ouvir seus filhos chorarem na escuridão quando não sabem onde estão nem como chegaram lá. Ele sabe o que é quando nos lançamos em busca de uma nova medida de liberdade e acabamos congelados ou queimados.

Deus sabe quando nos encontramos no meio de uma situação, vulneráveis, nus e desprotegidos dos elementos em geral.

Seus olhos também se enchem de lágrimas.

Quando o jovem Davi fugia do zeloso rei Saul, ele foi forçado a passar longos meses e *anos* escondido.

Sempre em movimento, de um lugar para outro, ele vagava pelo deserto solitário como uma alma perdida, às vezes se refugiando nas profundezas de uma caverna de calcário. Quando o medo e a raiva se intensificavam, seus olhos se voltavam para o céu e se enchiam de lágrimas de um coração cheio de dor. Com os joelhos doloridos pelas rochas duras e úmidas do chão da caverna, ele lembrava a si mesmo esta verdade:

Você acompanhou cada um dos meus giros e reviravoltas durante as noites sem sono, cada lágrima lançada em seu registro, cada dor anotada em seu livro.[134]

Davi diz que cada uma de suas lágrimas é levada em conta.

Em hebraico, a palavra usada aqui reflete a imagem de um viticultor que observa atentamente cada gota extraída das uvas com um lagar, enquanto elabora um vinho muito caro. O que isso me diz é que Deus não leva nossa dor de forma leviana. Ele não é descuidado diante do nosso choro. Ele não é indiferente ao nosso sofrimento.

Cada lágrima tem um valor tremendo.

John e eu viajamos para o Cairo, no Egito, algum tempo atrás e aprendemos sobre diversos artefatos encontrados em tumbas egípcias. Um dos itens era chamado de lacrimatório, ou "frasco de lágrimas". A tradição na antiguidade era que os amigos levassem frascos de lágrimas quando visitavam pessoas doentes ou em grande aflição. À medida que as lágrimas rolavam pelas bochechas do sofredor, os amigos as recolhiam no frasco, depois o fechavam e preservavam como memorial do acontecimento.

Vivemos em uma época e cultura alheias a essa prática. A maioria de nós prefere *esquecer* os momentos dolorosos da vida. Preferimos honrar nossas alegrias e dar-lhes mais importância em nossa mente do que nossas tristezas. Mas Davi diz que Deus vê as coisas de outra maneira. O que gostamos de esquecer, Deus se preocupa em lembrar.

O que deu a Davi a capacidade de suportar anos de opressão e graves dificuldades?

Uma verdade simples: *Deus se lembra.* Ele acompanha tudo.

Ele se lembra de cada noite de insônia. Ele se lembra de cada oração, cada gemido e cada dor profunda demais para ser expressa em palavras. Deus se lembra. Esse único pensamento transformou as palavras trêmulas e cheias de medo de Davi em uma nova declaração cheia de confiança.

Após essa revelação crucial, Davi diz: "Agora, sem medo, confio em Deus... Deus, você fez tudo o que prometeu, e eu lhe agradeço de todo o coração. Você me tirou da beira da morte, meus pés do precipício da perdição. Agora caminho tranquilamente com Deus pelos campos ensolarados da vida".[135]

Deus não é parcial. O que Ele fez por Davi, Ele faz por você e por mim. Ele se lembra. Quando ninguém mais sabe que estamos sofrendo, Deus sabe. Ele está conosco, sentado ao nosso lado, enxugando as lágrimas que rolam por nossas bochechas. Nenhuma dor passa despercebida.

Chorar não significa que você é fraco...
Às vezes, é o que você precisa fazer para voltar a ser forte.
J.W. Lynne

No plano de Deus, todo sofrimento pode servir a um propósito eterno significativo. As lágrimas *nunca* passam despercebidas. Elas são cuidadosamente recolhidas, seladas e guardadas como uma lembrança sagrada de sua jornada.

Deus também compreende os momentos em que nos afastamos, quando contemos nossas lágrimas, nos fechamos em nós mesmos e nos afastamos do calor do seu amor. E mesmo assim, ele não nos deixa ir. É ele quem inspira as orações de uma avó em nosso nome, quem coloca um amigo carinhoso em nosso caminho para nos guiar suavemente de volta para casa. É Ele quem espera na janela, olhando com esperança e saudade, convidando-nos a voltar para dentro, longe do frio, para a sua graça protetora.

Suas barreiras de proteção não são um castigo, mas uma proteção, colocadas com amor para manter o bem dentro e o mal fora.

Talvez seja por isso que Jesus contou a história do filho pródigo com tanta ternura.[136] Porque nosso Deus é um Pai compassivo que nunca deixa de sentir saudades de nós, que valoriza cada oração, recolhe cada lágrima e celebra com alegria cada vez que voltamos para Ele.

Um convite à ação

1. Que limites ou práticas saudáveis você tem atualmente que o ajudam a se manter conectado com seu verdadeiro eu, com Deus e com um relacionamento saudável com os outros?

2. Ao crescer, que mensagens você aprendeu, direta ou indiretamente, sobre chorar e expressar a dor? Como seus pais ou cuidadores reagiam diante da perda?

3. Quais são as duas coisas importantes que você aprendeu sobre a dor que o ajudaram a sentir mais liberdade e cura?

4. Escolha uma pessoa de confiança com quem compartilhar essas ideias. Após a conversa, reserve um momento para refletir em seu diário: como foi compartilhar essas verdades? O que você sentiu ou percebeu durante a experiência?

13

CONVERSAS SOBRE O AMOR

Ao seguir a orientação do Espírito Santo, vais acabar por fazer coisas que levarão algumas pessoas a pensar que estás louco. Assim seja. Obedece ao sussurro, e vê o que Deus faz.
Mark Batterson

"Hmmm… Parceria com Deus para reparar o meu coração partido? Acho que nunca tinha pensado nisso. Estás a falar de algo diferente de simplesmente pedir a Deus que me cure?" disse Haley.

A pergunta sincera brotou de uma ferida aberta. Haley, uma brilhante profissional na casa dos trinta, estava desesperada depois que uma amiga muito próxima e colega de trabalho cortou inesperadamente toda comunicação com ela e se recusou a falar com ela. Dois meses desse tratamento silencioso e hostil derrubaram a confiança de Haley, deixando-a de luto e caminhando *pisando em ovos*.

"Haley, essa é uma ótima pergunta!", respondi. "Não é uma situação de tudo ou nada, um 'ou isso ou aquilo'. Pense mais como um 'e também', como um trabalho em equipe (**t** - together, **e** - everyone, **a** - achieves, **m** - more, ou seja, 'juntos todos alcançam mais'). Você faz a sua parte, e Deus faz a d'Ele. É um processo rico e interativo, muito mais criativo e colaborativo do que tentar curar seu coração sozinha ou apenas esperar passivamente que Deus faça isso."

Haley estava curiosa e ansiosa para saber mais sobre como uma *parceria* de cura com Deus poderia funcionar. Ofereci-lhe uma explicação, semelhante à que compartilhei com muitos no consultório:

A estratégia vem de um padrão observado na vida das pessoas ao longo da história. Seus estudos de caso, documentados no livro mais vendido de todos os tempos, destacam longas listas de incidentes traumáticos, traições amargas de amigos e perdas trágicas entrelaçadas com orientação sobrenatural, graça e redenção. Suas histórias nos dão uma ideia das agonias que suportaram, das maneiras como sentiram Deus e de sua resiliência imparável para se levantar e transcender suas perdas com vitalidade e propósito.

As práticas que gostaria de sugerir oferecem oportunidades que podem mudar a vida. Digo isso porque sei por experiência própria que elas funcionam. Eu as utilizo há décadas e tenho visto como inúmeras pessoas em consultórios de aconselhamento também se beneficiaram delas. Por meio dessas práticas simples, você se associa a Deus para curar seu coração e, ao mesmo tempo, aprende o que significa uma amizade íntima com Deus. É uma jornada experiencial que dá muito espaço para a iniciativa e a criatividade individuais de sua parte e para a orientação de cura personalizada de Deus.

No contexto de conversas confiáveis e compreensíveis com Deus, você aborda as questões complicadas do seu coração na presença do Amor. Trabalhando junto com Deus, você cuida pouco a pouco das feridas do seu coração, abordando questões específicas. De forma lenta, mas segura, você segue a orientação de Deus, avançando gradualmente em direção à plenitude abundante.[137]

Mostrei a Haley uma imagem desse processo portátil e produtivo que pode ser usado a qualquer hora e em qualquer lugar. O ciclo de quatro partes fornece uma maneira clara e prática de desenvolver uma amizade interativa com Deus, na qual você se associa a Ele para curar seu coração partido. O modelo oferece dois presentes:

- um plano claro que o guia e protege dos obstáculos em seu caminho para a cura
- uma caixa de ferramentas com vocabulário, palavras, imagens e práticas que promovem a cura e a renovação em seu caminho *através* da dor.

A estrutura é meu esforço conjunto para combinar as ideias de meus cinquenta anos de amizade com Deus, a sabedoria atemporal das cartas de amor de Deus, uma sólida pesquisa clínica e quarenta anos de prática privada como terapeuta. É minha tentativa de integrar conceitos da teologia, psicologia, neurobiologia e ciência do luto para oferecer práticas sólidas para a cura emocional na companhia de Deus.

Dentro do paradigma, esclareço o que entendo como a parte de Deus e a nossa parte no caminho para a cura. Não é um dogma inflexível, mas é uma boa notícia que tem benefícios eternos para você, seus entes queridos e as gerações futuras.

Permita-me recuar a lente e oferecer uma visão panorâmica, uma vista de cima, da estrutura que chamo *Conversas de Amor*:

CONVERSAS DE AMOR

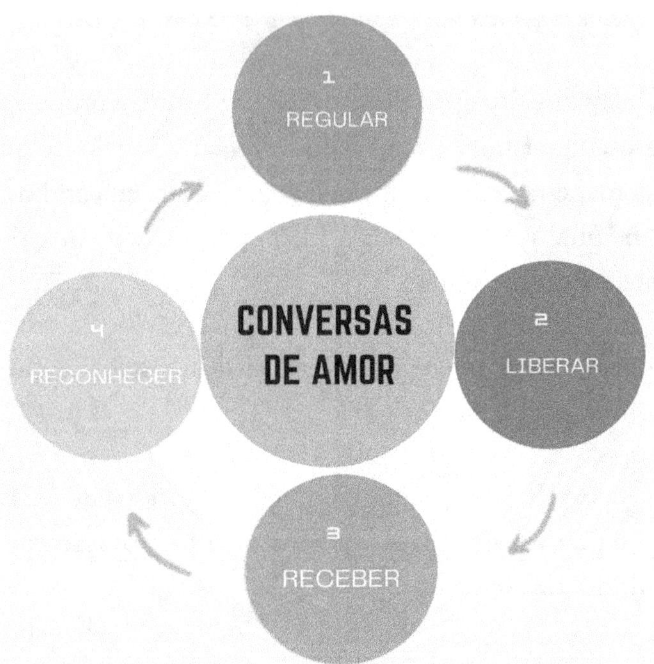

Analisaremos cuidadosamente cada um dos quatro elementos do ciclo da Conversa de Amor e você aprenderá passo a passo como utilizá-lo. Meu objetivo ao compartilhar este quadro é convidá-lo a uma prática eficaz para curar com confiança suas feridas emocionais no contexto de sua amizade com Deus e com os outros. O Conselheiro Maravilhoso, que vive *dentro* de você, irá guiá-lo e orquestrar sua experiência de transformação através da dor para uma plenitude abundante.[138,139]

Quando você intencionalmente traz sua dor à luz do Deus Trino (sua parte), você pode contar com a presença onisciente de Deus para iluminar e guiar sua consciência de maneiras específicas que promovam compreensão, crescimento e liberdade para sua situação de vida particular (a parte de Deus).[140,141]

As conversas sobre o amor são uma parte natural e fundamental para construir sua amizade com Deus e a chave para restaurar sua paz e seu propósito. Se essas ideias são novas para você, encorajo-o a abordá-las com curiosidade. Mantenha-se **H**onesto, **A**berto e **D**isposto a explorar as opções e possibilidades. Você é completamente livre para decidir o que fazer com as ideias que obtiver.

O processo das Conversas de Amor começa na parte superior do ciclo com *Regular*. No capítulo 5, você aprendeu várias maneiras de restabelecer e regular seu coração, alma, mente e corpo. Você praticou o uso do poder da respiração consciente (B.O.P.) para trocar um ritmo barulhento e acelerado pela paz e calma na presença de Deus.

Na quietude com Deus, o próximo passo é *reconhecer* seu mundo interior (pensamentos, sentimentos, conflitos) com compaixão, a mesma compaixão que você demonstraria a um bom amigo. Envolto no amor de Deus, você explora com curiosidade seu coração com o Espírito Santo. Ao se voltar intencionalmente para sua dor, você identifica e reconhece com delicadeza seus pensamentos e sentimentos em uma zona livre de julgamentos, sabendo que tudo o que for revelado pode ser curado. Você já tem essa habilidade em sua caixa de ferramentas depois de implementar as etapas de ação do capítulo 9.

Em seguida, você passa a *liberar* sua dor, aqueles pensamentos e sentimentos confusos que vêm à tona enquanto você explora seu mundo interior com o Espírito Santo. Você libera as emoções dolorosas (energia em movimento) junto com qualquer pensamento que esteja ligado a esses sentimentos enquanto conversa com Deus. Depois de liberar seu fardo atual para amar, você abre seu coração para *receber* expressões íntimas da bondade de Deus. Deus troca sua dor por seus dons de graça, adaptados às suas necessidades naquele momento. Esse processo de liberar e receber é explicado em detalhes no capítulo 14.

Pode ser útil ver exemplos da vida real de pessoas comuns, semelhantes a você e a mim, que utilizaram essas práticas em colaboração com Deus para se curar e prosperar após perdas devastadoras. Vou apresentar várias pessoas, mas primeiro gostaria que você conhecesse um dos meus modelos, Davi, o segundo governante do reino unido da antiga Israel e Judá.

Como famoso influenciador mundial, ele era muito conhecido por suas forças, mas encontrou Deus repetidamente através da humilde admissão de suas vulnerabilidades, fraquezas e defeitos. Essa é a parte dele que mais me toca e me inspira a crescer.

A maneira como ele se associou a Deus ao longo de uma vida cheia de tragédias inimagináveis e prevaleceu com resiliência não tem igual. Por quê? Porque ele fez sua parte. Ele buscou a Deus com sinceridade, com um coração honesto, aberto e disposto. Deus sempre esteve disponível, assim como está para você e para mim, para encontrá-lo em sua dor, para trocar sua tristeza por bons presentes e, em última análise, para redimir suas perdas.[142]

Você sabia que Deus está sempre pronto, esperando à porta do seu coração, ansioso para se encontrar com você também?[143] Ele nunca deixará de chamar pacientemente, porque o Amor é apaixonado por torná-lo completo e livre.

Uma linda amiga, de 91 anos, perdeu recentemente o marido e compartilhou comigo a história de sua primeira Conversa de Amor. Uma simples pergunta e uma resposta clara quebraram suas preocupações implacáveis e a elevaram a um lugar de paz.[144]

Meu marido de 23 anos faleceu após uma longa e difícil batalha contra o Parkinson. Fiquei atormentada por inúmeras dúvidas sobre como eu estava lidando com sua ausência. Meu luto parecia diferente do que meus amigos vivenciaram após suas próprias perdas devastadoras. Eu sentia muita falta do meu marido, mas estava muito calma e aliviada por ele, pois seu sofrimento havia acabado. Ele estava em paz. Nunca duvidei nem por um momento de que Dave estivesse no céu ou de que eu o veria novamente.

Uma boa amiga, que também é terapeuta, sugeriu que eu conversasse com Deus sobre o que estava me incomodando. Eu nunca havia tentado ter uma conversa de mão dupla com Deus antes, então essa foi uma experiência nova.

Certa noite, sentei-me sozinha em silêncio na minha sala de estar e simplesmente pedi a Deus que falasse comigo. Pedi a Ele que me dissesse se eu estava fazendo o que Ele desejava, ou se o que eu estava fazendo era pelo menos aceitável. Na quietude confortável, esperei.

Quase imediatamente a resposta veio: "Está tudo bem. Eu também passei por isso." Um alívio instantâneo me invadiu. Fui libertada da preocupação e da angústia.

Tenho certeza de que Deus falou porque essa resposta nunca me ocorreria. Até hoje, não tenho total certeza do que Ele quis dizer com "Eu também passei por isso". Talvez Jesus estivesse me tranquilizando de que Ele também lutou com dúvidas sobre si mesmo em Sua própria experiência de ser plenamente humano.

Se eu perguntasse à minha amiga terapeuta, ela me encorajaria a buscar mais compreensão de Deus. Mas neste momento, estou satisfeita em saber que estou bem. Sinto-me amada, valorizada e segura. É um sentimento muito bom.

 História de Marilyn, 91 anos

Um convite à ação

1. Tire uma foto do diagrama do Conversas de Amor, imprima-o e cole-o na sua geladeira. Cada vez que você abrir a geladeira para pegar algo para comer ou beber, repasse os quatro R: Regular, Reconhecer com compaixão, Liberar (*Release*) e Receber. O Conversas de Amor é uma prática tão simples que até mesmo as crianças podem usá-la para se tornarem mais conscientes de seus pensamentos e sentimentos em suas conversas diárias com Deus.

2. Ao ler o próximo capítulo, "Ouvir é importante", coloque uma estrela na margem ao lado de qualquer pensamento, emoção ou pergunta que você queira levantar em sua conversa com Deus.

14

É IMPORTANTE ESCUTAR

Lembre-se de que você está seguro. Você é amado. Você está protegido.
Você está em comunhão com Deus e com aqueles a quem Deus o enviou.
O que é de Deus permanecerá. Pertence à vida eterna.
Escolha-o e ele será seu.
Henry Nouwen

Ele era o garoto alto e desajeitado da sétima série, com olhos bonitos, que sempre sabia o que dizer para tirar você do buraco. Naquela época, a maioria das pessoas nem prestava muita atenção nele. Era um tipo solitário, geralmente sozinho, rabiscando notas ou criando música para um público de apenas uma pessoa. No entanto, durante seus anos difíceis de adolescência, esse adolescente introspectivo e solitário foi escolhido, acima de sete irmãos mais velhos, inteligentes e robustos, para governar o Reino Unido de Israel.[145] O que levou esse jovem desconhecido e marginalizado à liderança da dinastia?

Uma qualidade parece se destacar acima de todas as outras. Davi é a única pessoa na história que Deus identificou como "um homem segundo o coração de Deus".[146]

Você sabia que Davi é mencionado mais de 600 vezes na Bíblia? 66 capítulos do Antigo Testamento falam sobre Davi. Ele é mencionado 59 vezes no Novo Testamento. As intimidades do coração de Davi foram derramadas em 73 canções poéticas antes do ano 1000 a.C. e continuam ressoando em homens e mulheres de todo o mundo até hoje.

78% dos Salmos são cânticos de lamentação. Esses retratos multifacetados de Davi mostram-no, de forma honesta, expondo sua alma a Deus em profundo desespero. A Bíblia registra mais sobre as esperanças e temores de Davi, seu sofrimento emocional e sua transformação pessoal do que sobre qualquer outro ser humano.

Os historiadores concordam que poucos personagens das Escrituras tiveram tanta influência nas tradições posteriores quanto Davi. Sua história é contada tendo como pano de fundo a monarquia das tribos de Israel recém-unidas no século X a.C., e sua vida serviu de modelo para os governantes nacionais ao longo de várias gerações.[147] Davi estava longe de ser perfeito, mas sua fé apaixonada o tornou o modelo que os futuros reis de Israel tentaram seguir.

Seu caminho desde os pastos de ovelhas de sua infância até o palácio real foi longo e árduo, repleto de carnificina física e emocional. Davi conhecia bem o impacto devastador da perda e do trauma.[148] Como a maioria de nós, houve momentos em que Davi sucumbiu sob o peso de uma dor implacável e do tormento mental de uma melancolia e um arrependimento ferozes. A ansiedade o atormentava durante as noites solitárias, enquanto ele se revirava na cama olhando fixamente para a escuridão desconhecida, esperando ansiosamente pelo amanhecer.[149]

O Salmo 27 descreve um dos muitos momentos difíceis na vida de Davi, quando todos e tudo o que ele ama desapareceram. Seus planos foram destruídos. Ele se encontra vulnerável, fugindo, escondido em um lugar estranho. Seus amigos o abandonam e o mal se aproxima. Ameaças pessoais e nacionais pairam no horizonte.

Das profundezas de uma solidão dolorosa, em um lugar de esterilidade sem fim, até onde a vista alcança, Davi concentra todo o seu afeto em uma única direção e clama: "A única coisa que desejo de Deus, aquilo que mais busco, é o privilégio de meditar em Seu Templo, viver em Sua presença todos os dias da minha vida, deleitar-me em Suas perfeições e glória incomparáveis."[150]

Surge uma imagem. Vemos uma pessoa decidida, desesperada por uma coisa: queria que Deus preenchesse seu doloroso vazio. Davi escolheu buscar diariamente a companhia de Deus, para conhecer por experiência seu coração e sua mente. Responder rapidamente à voz de Deus era seu modo de vida habitual.

Meu coração ouviu você dizer: "Venha e fale comigo". E meu coração responde: "Senhor, eu vou".[151]

O que permitiu a Davi manter sua curiosidade infantil, seu espanto e sua alegria espontânea enquanto suportava as piores situações que mudaram sua vida? O que deu força a Davi para perseverar e ascender a altos níveis de fé e influência, diante das adversidades extravagantes e cruéis que se apresentavam?

A história deixa isso claro. A íntima amizade de Davi com Deus foi a chave. Davi não se contentava em *conhecer* Deus a partir de uma distância intelectual. Ele desejava apaixonadamente conhecer Deus em primeira mão. Com um coração cheio de fé, tanto nos dias bons quanto nos maus, Davi praticava concentrar sua atenção em Deus para falar com Ele sobre o que o preocupava.

Comungar na presença do Amor era um ato diário da vontade de Davi, uma espécie de rotina, que com o tempo se tornou um desejo fervoroso. Essa prática intencional (ou a ausência dela) levou a resultados significativos que mudaram a vida de Davi, bem como a de todos os que faziam parte de seu círculo de influência.[152]

Em momentos de profundo luto, Davi buscava a sabedoria de Deus, que sempre fala com amor, sem reprovações ou condenações. Jamie Winship, líder intelectual de renome mundial e cofundador da Identity Exchange, destaca dois padrões distintos na vida de Davi e seus resultados:

- **Davi pensou consigo mesmo**: confiar apenas no raciocínio humano levou Davi a agir a partir de uma identidade falsa, o que resultou em derrota.

- **Davi consultou o Senhor**: ao iniciar uma conversa honesta com Deus, Davi assumiu sua verdadeira identidade, seguiu a sabedoria divina e alcançou a vitória.[153]

Esses padrões claros são vistos ao longo de sua história. Quando Davi ouviu e respondeu à voz de Deus, apesar de qualquer rejeição recebida por parte dos outros, ele prosperou.[154] Por outro lado, quando Davi pensou por si mesmo,[155] tomando decisões sem consultar a Deus, seus problemas se multiplicaram e produziram resultados dolorosos.[156]

Davi não era perfeito. Ele era uma pessoa como você e como eu, cuja fragilidade humana, orgulho e tendência a se afastar de Deus o levaram a cometer erros graves. No entanto, no panorama geral, a prática disciplinada típica de Davi era buscar a Deus em conversa.[157] E quando seus erros vieram à tona,

Davi reconheceu a verdade, mudou radicalmente sua maneira de pensar e buscou humildemente o perdão.[158]

Davi não fugiu de Deus em sua dor e sofrimento. Mesmo quando causou miséria a si mesmo por seu mau julgamento e suas ações flagrantemente erradas, Davi se virou e correu *para* Deus. Seu exemplo de sinceridade contrita nos convida, a nós, *imperfeitos,* a buscar a ajuda de Deus para nossas próprias feridas no coração, sejam elas autoinfligidas ou não.[159]

Imagino que Davi aperfeiçoou a habilidade de levantar os olhos para o céu e sintonizar-se com seu Criador quando era criança, enquanto cuidava das ovelhas de seu pai em lugares abertos. Ao longo dos anos, esses momentos de tranquilidade se tornaram seu campo de treinamento. Deus se tornou seu confidente mais próximo, seu lugar secreto, ali mesmo, nos campos abertos ao redor de Belém. Sua canção reflete sua prática: "Aquele que habita no lugar secreto do Altíssimo morará à sombra do Todo-Poderoso. Direi do Senhor: "Ele é meu refúgio e minha fortaleza; meu Deus, nele confiarei".[160] Na presença do Deus Trino, Davi liberou com segurança seus fardos e recebeu um alívio além do que este mundo oferece. Ele permaneceu por muito tempo com seu amigo mais próximo, descarregando medos irracionais, confusão e anseios solitários, abrindo espaço para que o amor curasse e restaurasse.

Durante as atividades do dia e o silêncio da noite, Davi desenvolveu sua capacidade de ouvir por meio da prática regular. Ele não complicava a sintonia com Deus. Simplesmente encontrava um lugar confortável, tirava os sapatos, relaxava e concentrava sua mente em Deus.

As distrações externas sob o céu limitavam-se principalmente ao canto dos pássaros, ao assobio do vento entre as árvores e ao balido ocasional dos cordeiros. Davi não precisava se isolar do barulhento estresse tecnológico[161] do mundo atual, que rouba o desenvolvimento cerebral saudável[162] e a satisfação daqueles que carregam smartphones.[163,164]

No final do dia, quando tudo estava em silêncio, pergunto-me se Davi lutava para silenciar a conversa incessante de seu crítico interior, como você e eu fazemos.

Não temos todas as respostas. Mas o que sabemos é que Davi não escondeu sua dor nem suas perguntas. Ele manteve seu coração aberto para Aquele que o amava incondicionalmente e conhecia cada detalhe de sua vida. Davi realmente queria levar alegria a Deus, não tristeza, por isso regularmente entregava tudo: sua vontade, seus pensamentos, instintos, sentidos e emoções. Ele convidava a Luz para examinar seu coração e ampliar tudo o que precisava de atenção, enquanto confiava que o Mestre Curador cuidaria de seu coração.[165,166]

As conversas de Davi com Deus são frequentemente descritas como um filme que se reproduz em sua mente. Ele fazia perguntas e ouvia a perspectiva de Deus. Prestava muita atenção e descrevia cuidadosamente por escrito as palavras, imagens, sentimentos e impressões de que tomava consciência enquanto falava com o Amor.

Nenhuma pergunta era pequena ou boba demais para ser feita. Nenhum grito do seu coração era raivoso, ofensivo ou vergonhoso demais para ser levado à Luz. Ele sabia que qualquer assunto era seguro com Deus. Em algum momento do caminho, Davi aprendeu *que tudo o que é revelado pode ser curado*.

Deixe-me acrescentar uma nota à margem: *tudo o que Deus revela tem como objetivo curar.* O Espírito Santo é a pessoa mais bondosa que você jamais conhecerá. Ele não revela a verdade para envergonhá-lo ou humilhá-lo.[167] Deus sempre revela para curá-lo e transformá-lo.[168]

O que aconteceu quando Davi se sintonizou e fixou seus pensamentos em Deus? Deus se manifestou e abriu os olhos de Davi para perceber a Verdade que transformou sua maneira de conhecer, de ser e de agir.

Inúmeras histórias descrevem os encontros de Davi com Deus em sua jornada *por meio de* incógnitas assustadoras, situações perigosas de alto risco e vales solitários da morte. No lugar secreto do Todo-Poderoso,[169] Davi foi sustentado sobrenaturalmente por meio das inúmeras reviravoltas inesperadas que a vida lhe reservou. O Conselheiro Maravilhoso[170] lhe proporcionou perspicácia e soluções para situações aparentemente impossíveis. Dia após dia, ano após ano, Jeová Rapha curou as feridas do coração de Davi,[171] dando-lhe forças para continuar cumprindo seus propósitos neste mundo.

Você percebe que está a um passo de seus próprios encontros com o Deus vivo? O maior desejo do coração do seu Criador é desfrutar da sua amizade. Ele anseia por compartilhar conversas com você e satisfazer os desejos do seu coração. Assim como Davi, Ele quer lhe dar o poder para se curar completamente, levantar-se com força e experienciar novas expressões de sua abundante bondade. O Pai, o Filho e o Espírito Santo trabalham juntos, desejosos de ajudá-lo a ouvir e escutar,[172] a sentir o afeto amoroso do Amor[173] e a reconhecer a sabedoria do alto.[174,175]

Você sabe que foi criado com uma capacidade inata de ouvir Deus?[176] Deus está sempre falando e se articulando continuamente, enchendo o mundo com a Sua voz que nunca deixa de se expressar.[177]

Quando temos dificuldade em ouvir, podemos simplesmente pedir ao Espírito Santo que abra nossos ouvidos e nos ajude a ouvir.[178] É surpreendente como limpar o cerume de nossos ouvidos e diminuir o volume do ruído ao nosso redor pode facilitar a escuta de Deus.

Sou profundamente grata a vários mentores que me inspiraram durante a faculdade e os primeiros anos da minha vida adulta a ouvir a voz de Deus. Dallas Willard, um brilhante erudito que lecionou filosofia por quase cinquenta anos na Universidade do Sul da Califórnia, teve uma profunda influência na minha formação espiritual. Ele me encorajou a ser aberta e intencional no desenvolvimento das minhas habilidades de escuta[179] e a praticar ouvir Deus. Há muitos anos, ele me desafiou de uma maneira que mudou para sempre a minha maneira de viver:

> *Ouvir Deus? Uma ideia ousada, diriam alguns, presunçosa e até perigosa. Mas e se fôssemos feitos para isso? E se o sistema humano simplesmente não funcionasse corretamente sem isso? Há boas razões para pensar que não. A delicada textura e os grandes movimentos da vida mostram nossa necessidade de ouvir Deus. Não é mais presunçoso e perigoso, na verdade, empreender a existência humana sem ouvir Deus?*[180]

Sim, Dr. Willard. Acho que é.

O irmão Lorenzo, o gentil monge francês que escreveu *A prática da presença de Deus* em 1692, falou sobre desenvolver gradualmente a capacidade de dialogar com Deus, de maneira muito semelhante à forma como desenvolvemos qualquer outra habilidade que vale a pena adquirir. Ele disse: "Para formar primeiro o hábito de conversar continuamente com Deus e de lhe relatar tudo o que fazemos, devemos primeiro nos dedicar a Ele com diligência. Depois de um pouco desse cuidado, descobriremos que Seu amor nos emociona interiormente e nos leva à Sua presença sem dificuldade".[181]

C. S. Lewis, um gigante entre os líderes intelectuais do século XX, reconheceu abertamente seu desejo pessoal e suas dificuldades em ouvir Deus. Após anos mergulhado no ceticismo intelectual, como professor nas universidades de Oxford e Cambridge, Lewis destaca o valor de começar aos poucos e ter expectativas moderadas.

> "Quando você acorda de manhã, todos os seus desejos e esperanças para o dia se lançam sobre você como animais selvagens. E a primeira tarefa todas as manhãs consiste em rejeitar todos eles; em ouvir aquela outra voz, em adotar o outro ponto de vista, em deixar que aquela outra vida, maior, mais forte e mais tranquila, flua... No início, só conseguimos fazer isso por alguns instantes. Mas a partir desses instantes, o novo tipo de vida se espalhará por todo o nosso ser, porque estamos deixando que Ele atue no lugar certo dentro de nós".[182]

Você e eu fomos criados para florescer em amizade com Deus. Somos convidados a pensar, sentir, raciocinar e intuir cada questão de nossa vida junto *com* Deus, que sabe melhor como revelar o que há de melhor em nós.[183] Em uma conversa contínua, o Espírito da Verdade[184] fala e age conforme nossas necessidades, com uma criatividade surpreendente, sempre para o nosso maior bem e de maneira que honre a Deus. A verdade e a paz chegam até nós por meio de palavras, imagens e impressões, para a mente que se mantém focada em Deus.[185]

Uma oferta eterna foi feita a você e a mim: "Venham agora, e vamos raciocinar juntos", diz o Senhor.[186] No contexto de uma conversa amistosa, o Mestre Curador entrelaça mistérios e milagres em nossas histórias. C.S. Lewis disse isso muito bem: "O sobrenatural não é distante nem abstrato. É uma experiência diária e constante, tão íntima quanto respirar. Negá-lo depende de certa distração da mente. Mas essa distração não é, de forma alguma, surpreendente."[187]

Muitas pessoas maravilhosas não estão conscientes nem acostumadas a ouvir Deus na vida cotidiana. C. S. Lewis explica com precisão as duras consequências: "Nas condições produzidas por aproximadamente um século de naturalismo (uma cosmovisão que não reconhece a personalidade sobrenatural de Deus e os milagres), os homens comuns são obrigados a suportar cargas que nunca antes se esperava que suportassem. Devemos obter a verdade por nós mesmos ou prescindir dela."[188]

Concordo plenamente. Devemos adquirir a verdade por nós mesmos da Fonte última de toda a Verdade e não nos contentar com menos. Pelo que sei, *agora* é o melhor momento para fazê-lo, porque o verdadeiro crescimento e a verdadeira educação são uma espécie de história interminável, uma questão de começos contínuos, de novos começos habituais, de novidade persistente.[189]

Você sabia que o Espírito Santo revigora o coração contrito, voltado para o Deus Todo-Poderoso? "Pois assim diz o Altíssimo, aquele que vive para sempre, cujo nome é santo: 'Eu habito em um lugar elevado e santo, mas também com o que é contrito e humilde de espírito, para reviver o espírito do humilde e restaurar o coração do contrito."[190]

Pergunto-me se você se encontra em uma situação semelhante à que eu vivi antes e na qual poderia me encontrar novamente. Você se sente sem esperança, como se estivesse pendurado por um fio frágil? Você está desanimado ou cansado de tentar aguentar o dia com forças cada vez mais fracas? Você acha que os outros não estão lá para você, ou que você está sozinho para encontrar uma maneira de superar a dor avassaladora?

Após décadas de prática terapêutica, percebi com que frequência homens e mulheres enfrentam silenciosamente essas realidades, e quero tranquilizá-lo: Deus está com você agora, neste exato momento, desejando fortalecê-lo e sustentá-lo com Sua energia divina.[191,192]

Um convite à ação

Você gostaria de parar por um momento e descansar um pouco na presença do Amor? Você se permitirá fazer uma pausa, respirar e abrir seu coração para receber o que precisa? Convido você a se juntar a mim. Vamos entrar juntos no lugar secreto.

Se desejar, respire profundamente várias vezes para relaxar e se acomodar. Encha completamente os pulmões enquanto inspira a presença do Amor e, em seguida, expire lentamente toda a tensão do seu corpo. Sintonize seus sentidos com o Espírito do Deus vivo que está dentro e ao seu redor e sussurre estas palavras comigo.

Pai de Amor, obrigado por este espaço seguro com você. Obrigado por me convidar para falar com você sobre o que tenho em mente. Quero crescer na minha capacidade de ser aberto, honesto e disposto, de compartilhar livremente meu coração com você e de ouvir. Ajude-me a ouvir sua voz, a sentir seus impulsos e a receber sua bondade. Silencia todas as outras vozes para que não perturbem nosso tempo juntos. Que sua voz seja a mais forte que eu ouça.

Preciso de ajuda para seguir em frente. Não consigo fazer isso sozinho. Por favor, inunda meu ser com sua graça sobrenatural. Encha-me novamente com seu Espírito Santo.[193] *Energize as células do meu corpo, os sentimentos do meu coração, as faculdades da minha mente e a determinação da minha vontade com seu poder vivificante. Imprima a força do céu em minha fraqueza. Ressuscite as áreas murchas e sem vida em mim, aquelas que nem consigo identificar ou encontrar palavras para descrever. Estou aberto para receber sua paz, seu consolo e todos os bons dons que você tem para mim.*[194]

Obrigado por me convidar a me aproximar e por me envolver ternamente em seu amor curador. Ajude-me a aprender a relaxar e a me sentir em casa na sua presença.[195] *Confio que você me ensinará a falar com você de uma maneira que renove minha mente e cure meu coração. Guie-me e sustente-me enquanto caminhamos juntos por este vale escuro em direção a novos começos. E Senhor... (Sinta-se à vontade para acrescentar qualquer outra coisa que estiver em seu coração).*

Não há necessidade de se apressar neste momento. Fique um pouco no lugar tranquilo do abraço do Amor. Observe como seu corpo pode se sentir calmo e seguro na quietude silenciosa com Deus. Preste atenção ao que você sente e tente memorizar. Em seguida, reserve um momento para anotar alguns destaques do seu tempo com Deus.

Quando estiver pronto, avançaremos e exploraremos *o Conversas de Amor*, um espaço gentil e cheio de graça onde você aprenderá a liberar sua dor e abrir seu coração para receber de Deus de maneiras práticas e curativas. À medida que percorrermos este modelo juntos, mais uma vez, você verá como o amor redentor pode tocar a dor mais profunda do coração e transformá-la radicalmente.

> *Como eu gostaria, gostaria, gostaria que uma dúzia ou mais de pessoas que estão tentando manter Deus em suas mentes incessantemente escrevessem suas experiências para que cada um soubesse o que o outro estava descobrindo como resultado! Acredito que os resultados surpreenderiam o mundo.*[196]

Meu marido partiu para o céu após uma breve, mas intensa luta contra o câncer. Antes de ele adoecer, tínhamos planos de nos mudar para outro estado. Não muito tempo depois de ele falecer, senti Deus me cutucando para fazer a mudança monumental. Mas nosso filho e filha eram adolescentes. Fazê-los deixar seus amigos e o único lar que eles conheceram, dentro de um ano após perder o pai, não parecia uma escolha sábia. No entanto, eu continuava ouvindo Deus dizer: "É a mudança certa, e o momento certo."

Durante as férias de primavera das crianças, todos nós viajamos para uma cidade que estávamos considerando para a mudança. Olhamos imóveis e visitamos uma igreja. Meus adolescentes não estavam comprometidos, expressando prós e contras sobre mudar para uma área rural, tão vastamente diferente de nossa vida suburbana atual.

Criei coragem para dizer ao meu filho de 15 anos que eu acreditava que Deus queria que nos mudássemos. Ele perdeu completamente o controle, soluçando e falando sem parar sobre mais perdas que ele não conseguia controlar. Meu coração se partiu de novo. Sentada no chão com ele, segurei-o perto de mim, e choramos juntos.

Entre lágrimas contínuas, silenciosamente contei a Deus o quanto eu queria me mudar e seguir o que eu pensava que Ele estava me dizendo fazer. Entreguei os planos e o momento a Ele de novo, disposta a desistir da mudança se isso prejudicasse ou atrapalhasse a cura dos meus filhos. Eu desesperadamente queria sabedoria sobre o que fazer.

Enquanto derramava meu coração, senti uma impressão clara: "Filha, Eu amo seu filho mais do que você pode imaginar. Confie em Mim. Eu estou falando com ele. Vou guiá-lo e confortá-lo. Continue avançando com seus planos. Confie em Mim."

Então, eu confiei. Continuamos a planejar a mudança, conversando abertamente e orando juntos sobre nossas esperanças e medos. Deus fez o que disse que faria. Enquanto estávamos finalizando o último ano escolar, Deus tranquilizou meu filho de várias maneiras. Antes de sairmos do estado, ele me disse que se sentia seguro e em paz de que a vida estaria bem para onde estávamos indo.

Isso foi há mais de um ano. Não apenas meu filho está se adaptando bem, ele está se curando da morte de seu pai, prosperando com mais amigos do que nunca, e amando nosso novo estilo de vida. Homens mais velhos em nossa comunidade demonstram interesse pessoal, fazendo amizade com ele como figuras paternas.

Minha filha também está florescendo, com uma bolsa integral para uma escola particular onde ela está se destacando. Todos nós três continuamos a ser surpreendidos pela bondade abundante de Deus. Sou muito grata por ter ouvido e seguido a voz de Deus. Se eu não tivesse feito isso, teríamos perdido tantas bênçãos incríveis!

Ó nosso Deus, não sabemos o que fazer,
mas estamos olhando para ti em busca de ajuda.
2 Crônicas 20:12, NLT

15

LIBERTE-SE E RECEBA

A voz de Deus lhe diz: "Quero ver você se aproximar de mim e sentir a alegria e a paz da minha presença. Quero lhe dar um coração novo e um espírito novo. Tudo o que é meu é seu. Apenas confie em mim e deixe-me ser seu Deus".
Henry Nouwen

Uma das partes mais dolorosas do luto é, talvez, a teia emaranhada de grande tristeza, anseios solitários e fadiga persistente. O luto, como uma névoa escura, toma conta de suas faculdades e se torna o que você mais tende a ver e sentir. A angústia está determinada a assumir o controle, como uma criança egoísta que exige o que quer. Você não só é consumido pela dor da perda, mas também se preocupa com a sombra ou o reflexo da miséria, o fato de que não apenas sofre, mas tem que continuar pensando no fato de que sofre.[197]

Nesse estado de fraqueza e vulnerabilidade, é difícil ver e pensar com clareza. Ficamos mais suscetíveis a influências prejudiciais que, em outras ocasiões, normalmente podemos reconhecer e desviar. Descobri minha própria vulnerabilidade em primeira mão, em várias ocasiões, após o traumático acidente de Nathan. O primeiro golpe inesperado ocorreu em seu terceiro dia na Unidade de Terapia Intensiva Pediátrica.

As histórias sobre Nathan foram divulgadas na mídia local e nacional durante dez dias.

As estações de rádio abriram suas linhas telefônicas para coletar opiniões do público, e uma avalanche de julgamentos se desencadeou. Os críticos não perderam tempo. Suas palavras voavam rápidas e cruéis, ferindo profundamente.

Vozes iradas, hostis à sacralidade da vida, se apressaram em nos condenar. Acusaram-nos de tudo o que se pode imaginar: negligência deliberada, abandono e falha parental. Ficamos atônitos e humilhados. Envoltos na névoa vulnerável de nossa dor, a serpente ardente nos mordeu.

Nunca na minha vida imaginei que travaríamos esse tipo de batalha, não apenas pela vida de Nathan, mas pelo nosso senso de integridade. A vergonha e a culpa se infiltraram por todos os ângulos, sussurrando mentiras na escuridão: *bons pais não permitiriam que isso acontecesse! Se Deus realmente os amasse, teria evitado isso...*

E, no entanto, em meio a esse desespero violento, Deus soprou uma pequena centelha.

O quarto do hospital estava carregado de trauma. Sentei-me ao lado de Nathan, segurando suavemente sua mão, com os olhos fechados e a cabeça apoiada no encosto da cadeira. Um cansaço profundo tomou conta de mim. Não me lembrava de ter me sentido tão vazia e destruída.

Foi então que senti que havia alguém no quarto. Abri os olhos e lá estava ela: a assistente social do hospital designada para o caso de Nathan. Ela era pequena, talvez com um metro e meio de altura com sapatos, mas ali, na porta, mantinha-se firme com a força tranquila de um farol em uma tempestade violenta. Não havia nada de tímido nela. Ela irradiava energia de dentro com uma determinação que atravessou minha melancolia como um laser.

"Eu precisava vir aqui para dizer que você deve ficar longe de toda a mídia", disse ela com firmeza. "Não dê ouvidos a nada do que eles dizem. Eles não sabem do que estão falando!"

Naquele momento, a compaixão intensa dela colidiu com o meu desespero e o rompeu. Foi como se uma janela tivesse sido escancarada, permitindo que os ventos do Espírito entrassem, varressem as mentiras e me revivessem.

Esse é o poder de alguém que está disposto a permanecer com você na tempestade, não para consertar as coisas, mas para ver, proteger e acreditar quando você se esqueceu de como fazer isso. A voz de Maria naquele dia não apenas nos defendeu. Ela me tirou de um poço de vergonha e me lembrou que a verdade continua viva e que o amor continua vencendo.

É isso que quero dizer: quando estamos dispostos a acompanhar alguém em sua dor, começamos a compreender o imenso poder transformador de simplesmente estar presente. A escuridão é real. Mas nossa luz também é.

Você consegue ver isso? Como os momentos mais complicados e cruéis da vida revelam o quanto precisamos uns dos outros, o quanto precisamos desesperadamente ser vistos, ouvidos e abraçados? Não existem kits de bricolagem para um coração partido. A cura não acontece sozinha. A cura é relacional.

E, às vezes, tudo o que é necessário para recomeçar é uma pessoa corajosa o suficiente para estar presente.

* * *

Quebrar as mentiras e se apropriar da verdade

"Peça a Deus para lhe mostrar uma mentira que você acredita sobre si mesmo e escreva-a". Foi assim que o líder começou a sessão de treinamento.

Imediatamente, uma resposta inesperada veio à minha mente: *"Você é muito velha"*.

Ei! O pensamento me pegou completamente de surpresa e, no entanto, de alguma forma, eu sabia que era verdade.

"Agora, pergunte a Deus quando essa mentira se enraizou", disse o líder.

Algo estranho aconteceu logo após esse convite. Lembrei-me espontaneamente de um grupo de masterminds de negócios do qual havia participado anos antes. A memória estava vívida. Eu estava sentada em uma mesa redonda de um hotel, cercada por empreendedores de sucesso de vários países. Você provavelmente reconheceria os nomes de alguns dos influenciadores mais conhecidos.

Um jovem bonito e carismático, a quem chamarei de Nick, falou sobre o crescimento explosivo que estava experimentando em seus cursos educacionais. Em um ano, ele passou de treinar cinco ou seis pessoas em um programa de seis semanas para várias centenas ao mesmo tempo. O negócio estava em alta e a transformação estava acontecendo ao seu redor. Isso chamou minha atenção!

Curiosa para saber mais, aproximei-me de Nick durante um intervalo e perguntei-lhe sobre o seu trabalho. Ele animou-se, ansioso por partilhar, e explicou-me que tinha criado uma série de cursos educacionais de vários níveis. Quando lhe perguntei quem costumava frequentar os seus cursos, ele respondeu: "Na sua maioria, pessoas desamparadas, indivíduos vulneráveis que foram magoados por outras pessoas e pelas dificuldades da vida". Então ele começou um discurso rápido: *"Eu ajudo pessoas que sofrem a aprender práticas ocultas que lhes trazem poder e alívio".*

Suas palavras atingiram com força. Eram confiantes, bem articuladas e profundamente perturbadoras. O que Nick oferecia soava como esperança, mas estava enraizado em algo muito mais sombrio. Pessoas vulneráveis estavam sendo atraídas para um reino sombrio–não destinado a curar, mas a drenar os últimos vestígios de vida de suas almas feridas.[198]

Mais tarde, naquela mesma tarde, lembro-me de olhar ao meu redor e perceber que 90% dos participantes tinham algo em comum. Eles eram uma década ou mais mais jovens do que eu. Apenas alguns eram mais velhos. Não me lembro de ter tirado nenhuma conclusão específica, mas acredito que Deus estava me mostrando que a mentira "sou muito velha" se enraizou naquele momento e naquele lugar.

Agora, concentre sua atenção em Deus—disse o líder. Imagine entregar a Jesus o seu papel, aquele que contém a mentira que você identificou. Observe o que Ele faz com ele e escreva o que você vê.

Fiz isso e tomei algumas notas: Jesus jogou o papel por cima do ombro de brincadeira e começou a rir. Não me refiro a uma risadinha discreta, mas a uma gargalhada sonora e borbulhante que continuava jorrando como uma fonte. Naquele momento, senti uma onda de calor percorrer todo o meu corpo. Jesus sorriu e disse: "Olhe para mim!".

Não tenho certeza do que mudou naquele breve instante, mas uma coisa ficou clara: depois de toda uma vida em uma cultura que idolatra a juventude, a mentira de "sou muito velha" perdeu seu poder sobre mim. Algo se libertou dentro de mim. Senti uma nova sensação de liberdade ao me sentir confortável comigo mesma e ao aceitar esta fase da vida como uma verdadeira idosa. Ver Jesus rir alto desse complexo de *idade* fez muito bem ao meu coração!

Quero fazer uma pausa aqui e convidá-lo a observar algo.

Em apenas um breve momento com Deus, deixei para trás uma mentira que nem percebia estar me impedindo de avançar. Deus a trouxe delicadamente à tona e, junto com ela, a graça de trocá-la por algo verdadeiro. Nessa troca sagrada, vi uma imagem de Jesus rindo, rindo de verdade, do fundo do seu ser, de algo que, para Ele, era completamente absurdo e irrelevante. Aquele momento de clareza foi diferente de tudo que eu já havia vivido. Foi como uma lufada de ar fresco sagrado. Mesmo agora, ainda me faz sorrir.

Foi um vislumbre do que é possível quando nos aproximamos de Deus com um coração honesto, aberto e disposto, pronto para liberar o que nos pesa e receber a perspectiva que Ele tanto deseja nos dar. É uma imagem da oração, não apenas palavras, mas uma troca sincera e vulnerável que nos transforma.

Tish Harrison Warren capta isso maravilhosamente quando diz que a oração é a disposição de entrar na ambiguidade e na vulnerabilidade, mas não em qualquer ambiguidade. É a vulnerabilidade de descobrir que somos profundamente amados e aprender, repetidamente, como receber esse amor e confiar que ele é verdadeiro.[199]

Então, levantamos nossos corações ao céu mais uma vez: Querido Senhor, precisamos da Sua ajuda. Aumente nossa capacidade de liberar e de receber.

Ensina-nos a confiar em Sua graça criativa para nos encontrar em cada momento e nos libertar, novamente e de novo.

Um convite à ação

- Peça a Deus para lembrá-lo de uma mentira que você atualmente acredita sobre si mesmo. Escreva a primeira ideia que vier à sua mente em seu caderno de oração.

- Convide Deus para lhe mostrar quando você começou a acreditar nessa mentira. Percorra a linha do tempo da sua vida com curiosidade e mente aberta. Se for importante que você saiba, a verdade lhe será revelada. Sua *sabedoria* saberá. Se não for, não se preocupe. Revelá-la é tarefa do Espírito Santo. Sua tarefa é pedir e receber.

- Em sua mente, imagine-se entregando a Jesus a mentira que você escreveu em seu caderno. O que Ele faz com ela? Pergunte o que isso significa, ouça e faça anotações.

- Peça sabedoria a Deus. Que verdade cancela essa mentira? Escreva suas ideias.

- Pergunte a Deus se há mais alguma coisa que Ele queira lhe mostrar. Não censure nem questione o que possa parecer desconhecido ou diferente. Às vezes, Deus usa o desconhecido ou um elemento surpresa para chamar sua atenção e destacar que essa ideia não surgiu apenas de você. Deixe-me dar dois exemplos pessoais que ilustram o que quero dizer.

No meio da carreira do meu marido, ele passou por uma grande transição gerencial no trabalho. Dada a mudança dos acontecimentos, nos perguntamos se Deus poderia nos levar a nos mudar para outro lugar.

Uma manhã, enquanto conversava com Deus sobre as incertezas à frente, as seguintes palavras vieram à mente: "John é lastro."

"Lastro?" Eu me perguntei. "O que é lastro?" Eu não estava familiarizada com o termo.

Quando menina, eu costumava perguntar à minha mãe e ao meu pai o significado das palavras. Você consegue adivinhar a resposta padrão deles?

"Procure no dicionário e nos diga o que você encontrou."

Tendo aprendido bem aquela lição, peguei o Merriam-Webster da prateleira e descobri que lastro é o material pesado colocado na parte inferior de uma embarcação para melhorar a estabilidade e o equilíbrio.

Um pequeno sussurro acalmou minhas preocupações sobre os desconhecidos futuros. Concluí que, por enquanto, ficaríamos onde estávamos. E foi assim que a história se desenrolou.

CONVERSAS DE AMOR

Terminei de escrever o terceiro livro de uma série de cinco. Ansiosa para começar o próximo projeto, anotei três ideias e pedi a Deus sabedoria para decidir qual tema seguir: "Continuamos com a ideia nº 1, nº 2 ou nº 3?".

A única coisa que me veio à mente foi: "PARA...".

Fiz uma pausa e pisquei os olhos. Parar? Pareceu-me estranho. O contrato estava assinado. O prazo estava definido. Sou uma mulher que cumpre sua palavra e não volto atrás em meus compromissos. Achei que devia estar distraída, então acalmei minha mente, silenciei todas as outras vozes e perguntei novamente, desta vez com mais concentração: "Tudo bem, Senhor, o que você acha: a ideia nº 1, a nº 2 ou a nº 3?".

Mais uma vez, a resposta foi: "PARA".

Não fazia sentido. Eu tinha obrigações financeiras, prazos e pessoas que dependiam de mim. Ainda confusa, decidi comentar com meu marido, John, mais tarde naquela noite. Ele é muito estável e comprometido, e imaginei que compartilharia meu senso de dever de seguir em frente.

Mas enquanto estávamos lado a lado na pia, lavando a louça, contei a ele sobre minha conversa com Deus e como me sentia confusa. Sem hesitar, ele disse: "É melhor você fazer o que Deus lhe diz".

Foi então que soube que precisava fazer a ligação.

Com as mãos suadas, liguei para o editor-chefe no dia seguinte. Expliquei o que havia sentido na oração. Ele não ficou entusiasmado com a ideia e pediu que nos encontrássemos pessoalmente na semana seguinte. Quando terminamos de conversar, ele aceitou a realidade e pediu que eu o avisasse quando estivesse pronta para voltar a escrever. Saí de lá triste por decepcionar a equipe, mas também tranquila e aliviada, sabendo que tinha respondido bem a Deus.

E então, seis semanas depois, um caminhão de 18 rodas desceu a toda velocidade por uma colina e atropelou nossa filha no trânsito intermitente da rodovia. O ano que se seguiu foi cheio de agonia, incerteza e uma carga emocional que eu nunca poderia ter previsto. Olhando para trás, não consigo imaginar suportar a pressão de um contrato de escrita durante aquele período. Deus, em sua misericórdia, havia preparado o caminho antes que as adversidades chegassem.

Mas isso não é tudo.

Dois anos depois, inesperadamente, a equipe editorial decidiu por conta própria reeditar os três primeiros livros da série em uma nova publicação: O poder de deixar ir. Só Deus!

CONVERSAS DE AMOR

Um convite à ação

Uma das minhas rotinas favoritas é encontrar um lugar tranquilo onde eu possa relaxar completamente e me livrar da tensão do dia, da cabeça aos pés. Quando estou tranquila e calma, imagino Deus se aproximando de mim e me envolvendo em um manto suave e reconfortante de paz. Imagino nós dois sozinhos em um lugar lindo, talvez sentados juntos em um prado alpino cheio de flores silvestres ou em uma praia de areia perto de águas azuis e quentes.

Nesse lugar sagrado, imagino o Pai, o Filho e o Espírito Santo formando um círculo de amor ao meu redor, movendo-se em sincronia, criando uma harmonia perfeita na atmosfera e enchendo minha consciência com tudo o que é bom.

Aqui, Deus e eu conversamos juntos. Faço perguntas, ouço e escrevo o que me vem à mente. Adoraria que você também experimentasse essa prática simples. Convido você a experimentar uma Conversa de Amor, levando em consideração estas orientações simples:

- Encontre um lugar tranquilo para acalmar seu coração, alma, mente e corpo com uma respiração consciente.

- Entregue, com humildade, sua vida e todas as suas preocupações a Deus.

- Silencie todo pensamento que não esteja em plena concordância com o Espírito do Deus vivo e com a Verdade.

- Escolha um assunto que o preocupe e escreva livremente seus pensamentos e sentimentos, expressando tudo o que há dentro de você, sem avaliar ou julgar.

- Faça uma pergunta a Deus, reserve um tempo para ouvir e escreva o que vier à sua mente.[200,201]

- Peça a Deus três confirmações sobre o que você sente que Deus está lhe dizendo (por meio das Escrituras, amigos sábios, circunstâncias, paz interior, intuições do Espírito Santo, etc.).

O lugar secreto, o espaço íntimo do amor de Deus, guarda tesouros escondidos.[202] Não há nada de arbitrário no que o Espírito Santo ilumina, nem de aleatório nos dons de graça que Ele compartilha com você.[203] Há precisão e estratégia entrelaçadas no que Deus diz, no momento e na forma como Ele diz, e nas maneiras pelas quais troca nossas cinzas por beleza e nosso luto por bênção.[204] A suprema bondade de Deus se revela nos detalhes.

Recentemente, encontrei uma anotação em um velho caderno de orações de anos atrás. Aparentemente, naquela época eu estava exausta e desanimada. Na esperança de sair do meu abatimento, comecei minha oração com uma pergunta sincera. O que senti que Deus me disse está escrito em itálico.

Deus, estou cansada, esgotada com todas as necessidades urgentes ao meu redor.

Você poderia me lembrar de algo que ama em mim?

A maneira como você Me honra buscando a excelência.

Uau... Eu não vi isso vindo. Obrigada por notar meu esforço. Às vezes me pergunto se isso importa. Há mais alguma coisa que Você quer que eu saiba?

Você está cansada e não se sente bem. Descanse em um ritmo mais lento. Mais rápido não é melhor. Terminaremos no tempo certo.

Ah... Entendo. Obrigada por me lembrar de estabelecer um ritmo mais suave, de domar meu tempo. Sinto paz agora. Posso descansar no Seu tempo, Pai. Você sopraria um vento fresco na minha alma? Eleve-me além das minhas inclinações naturais e ajude-me a amar Você, e aos outros, e a mim mesma como Você ama. Abra meus olhos para ver a beleza que Você vê. Não quero perder uma única coisa. Eu Te amo tanto!

Que o Senhor conduza seus corações a uma compreensão plena e expressão do amor de Deus e da paciência perseverante que vem de Cristo.
2 Tessalonicenses 3:5, NLT

CONVERSAS DE AMOR

Não foi por acaso que me deparei com essa velha anotação no diário. Eu definitivamente precisava de um pequeno empurrão para reajustar meu ritmo e lembrar que Deus fez exatamente o que disse que faria naquela época. Juntos, conseguimos cumprir com sucesso um prazo difícil, bem a tempo.

Amigo, entenda isso: a magnitude da graça de Deus não se baseia no seu desempenho nem no meu. Não se trata de quão bons temos sido, do quanto temos feito ou do quanto nos sentimos dignos. Não se trata de nós, de forma alguma. Trata-se Dele, nosso Criador, cujo amor é imensurável e cujo afeto por nós é inabalável.

Você foi criado em amor, pelo próprio Amor. O amor de Deus não enfraqueceu e nunca vai enfraquecer. A promessa continua de pé, intacta pelo tempo e pelas circunstâncias.:

"Quem me obedece (ouve e responde)[205] *é aquele que me ama;*
e porque me ama, meu Pai o amará;
e Eu também O amarei e Me revelarei a Ele.[206]

Por favor, não deixe passar essa promessa tão linda. Deus quer ser conhecido por você. Ele não está distante nem desinteressado, Ele está perto, com o coração completamente aberto. Ele anseia mostrar mais de quem Ele é… mais de quem você realmente é… e da amizade curadora que sempre esteve à sua espera.

Não importa onde você esteve ou o que carrega, apenas volte-se para Deus. Um passo em direção a Ele é suficiente: peça que Ele lhe mostre que é real, e com os olhos do seu coração você verá: Ele já está vindo em sua direção com compaixão, pronto para guiá-lo a uma vida de liberdade, plenitude e amor além de tudo o que você já conheceu.

Eu não estava nada feliz!

Passamos o dia construindo nossos abrigos para dormir com galhos e outros materiais que recolhemos na floresta. Meu corpo e minha mente estavam exaustos, funcionando no limite. Um cansaço extremo se instalou depois de viver dois meses na selva para um treinamento especializado. (Para contextualizar: não sou uma pessoa de atividades ao ar livre e gosto de conforto.)

Apenas seguir a rotina do dia parecia caminhar pela areia movediça. Trabalhar no meu abrigo com tanta limitação de energia era desafiador. Eu continuava me repetindo: "Isso é divertido! Você consegue, Michelle! Você dá conta!"

Não adiantava. Eu só queria ir embora.

Então veio um sussurro: "Quanto maior a batalha, maior a vitória."

Isso me manteve firme por algum tempo, mas algumas horas depois eu estava silenciosamente fazendo birra, tentando me acomodar em um abrigo apertado, frio e escuro para tentar dormir. O chão era duro. Eu estava exposta a perigos que só Deus sabia que espreitavam por perto. Conforto? Não havia. O treinamento me havia reduzido às minhas partes mais vulneráveis.

Na minha miséria, perguntei a Deus: "O que Você quer que eu saiba?"

Estar confortável não é uma emergência, foi a resposta.

A resposta de Deus acertou em cheio e me deu forças para subir de nível. Levo essa verdade libertadora comigo para onde quer que eu vá e continuo a usá-la até hoje.

CONVERSAS DE AMOR Michelle D.

16

DONS DA GRAÇA

Seu principal contato com Deus é através da sua mente, e o que você faz com a sua mente é a decisão mais importante que você tem que tomar.[207]
Dallas Willard

Quero apresentar-lhes alguém que descobriu *o Conversas de Amor* em meio a uma profunda angústia.

Quando ouviu pela primeira vez a ideia de ter uma conversa bidirecional com Deus, ela ficou bastante cética. Sinceramente, achava isso estranho e um pouco desconfortável. Mas ela se mostrou disposta a tentar, só uma vez. E algo incrível aconteceu: Deus a acolheu com ternura em meio à sua dor e a encheu de bondade.[208]

Para sua surpresa, o amor começou a expulsar o medo que ela carregava desde criança.[209]

Sandy é uma mulher de meia-idade que luta contra a tristeza e a ansiedade desde que se lembra. Ela entrou em contato comigo depois de perder Cooper, seu querido cachorro de 19 anos. Ele tinha sido seu companheiro constante e seu consolo ao longo dos anos, aquele que a recebia na porta quando ninguém mais o fazia. Cooper não apenas preenchia um espaço em sua casa, mas preenchia um espaço em seu coração que outros não podiam alcançar. Sem ele, a casa parecia dolorosamente vazia.

Mas não era apenas a ausência de Cooper. A filha adulta de Sandy, que vinha lutando contra problemas de saúde mental, cortou todo contato. Sem explicação. Sem discussão. Apenas silêncio. E esse silêncio deixou Sandy se sentindo impotente, ansiosa e cheia de culpa. Era algo que ela havia dito? Algo que ela não havia dito? Sua mente não conseguia parar de pensar, revivendo cada momento, cada palavra, tentando encontrar um sentido para o distanciamento. O peso de não saber era insuportável.

Para Sandy, a dor se apresentava em camadas, em ondas agudas e sobrepostas que dificultavam sua respiração. Seus sentimentos por Cooper se misturavam com o medo de que sua filha nunca voltasse. O fardo era pesado demais para alguém suportar sozinho.

Foi então que Sandy pediu ajuda, exausta e ansiando por algum tipo de esperança.

Em algumas videochamadas, acompanhei Sandy de forma cuidadosa por algumas verdades simples, porém poderosas, sobre luto, cura emocional e como a verdadeira transformação pode acontecer.

Uma coisa que enfatizei repetidamente é que a cura acontece de forma mais completa quando a realizamos junto com o Deus Trino: o Pai, o Filho e o Espírito Santo. Por quê? Porque a natureza de Deus é puro amor. Sua graça, sua criatividade, sua presença... tudo isso atua em conjunto para nos conduzir a um lugar de plenitude abundante.[210]

Deus não está longe. Ele está bem aqui. Ele está pronto para ajudá-lo a ver o que precisa ser curado e para lhe dar exatamente o que você precisa para dar o próximo passo.

Esse próximo passo muitas vezes se assemelha à rendição e à confiança. E, para ser honesta, a confiança é onde as coisas podem ficar difíceis. É precisamente aí que a resistência tende a aparecer de todas as formas possíveis. A escuridão compete pelas almas dos homens e das mulheres e não se rende facilmente.[211,212]

Mas a fé confiante se aprofunda, se mantém firme, agarra-se com força e diz: "Não importa o que aconteça, estou me apegando a Deus!"[213] E é aí que o Amor começa a agir em seu trabalho mais profundo.

Deixem-me compartilhar um pouco da história de Sandy. Sandy cresceu como filha única em um lar que parecia emocionalmente frio e imprevisível. Sua mãe, embora estivesse fisicamente presente, muitas vezes estava absorta em si mesma e raramente dava a Sandy o tipo de atenção calorosa e afirmativa que toda criança precisa. Em vez disso, ela se concentrava muito nas regras e se apressava em apontar os erros de Sandy, deixando-a com a sensação de que nunca estava à altura.

Seu pai lutava contra o alcoolismo. Ele estava presente, mas emocionalmente distante, incapaz de oferecer o conforto ou a conexão que Sandy ansiava.

O único ponto positivo nos primeiros anos de sua vida era sua avó. Sandy a adorava porque era calorosa, carinhosa e constante, a única pessoa que a fazia se sentir verdadeiramente vista e segura.

Essas três pessoas, sua mãe crítica, seu pai ausente e sua avó carinhosa, moldaram o panorama emocional da infância de Sandy.

É importante lembrar que nossa necessidade de cura emocional muitas vezes vai além de nossa dor ou perda mais recente. Embora a dor atual, como a morte de um ente querido ou a dor de uma rejeição, seja profundamente real, raramente é toda a história.

Na maioria das vezes, a dor atual está entrelaçada com feridas mais antigas e não resolvidas, experiências da infância ou de épocas anteriores em que nossas necessidades emocionais não foram atendidas. Essas feridas anteriores podem moldar silenciosamente a forma como vivenciamos nossas perdas atuais.

Isso era verdade no caso de Sandy. Enquanto chorava a perda de Cooper e o doloroso silêncio de sua filha, ela também sentia a dor de perdas anteriores: ter crescido em um ambiente onde o amor, a afirmação e o carinho eram escassos. Esse tipo de privação emocional deixa marcas na alma.

Quando falo de "feridas", refiro-me àqueles momentos da infância em que nos sentíamos invisíveis, sem importância, rejeitados ou maltratados. Momentos em que, da perspectiva limitada de uma criança, formamos crenças sobre nós mesmos, sobre Deus e sobre os outros que não eram verdadeiras, mas que nos pareciam reais. Podemos ter chegado a conclusões como *"não valho nada", "o amor sempre vai embora" ou "estou sozinho".*

Essas feridas não desaparecem com o tempo. O corpo as retém. Elas vivem em nosso sistema nervoso e se manifestam em nossas reações em nossos relacionamentos. E para lidar com isso, muitas vezes desenvolvemos barreiras protetoras, defesas que podem ter nos ajudado a sobreviver no passado, mas que agora nos impedem de curar e nos conectar plenamente.

Reconhecer isso não significa culpar o passado, mas ter compaixão. Trata-se de compreender por que sofremos da maneira que sofremos e gentilmente convidar Deus para esses lugares ocultos para que finalmente possamos começar a curar.

Durante uma de nossas conversas, Sandy se abriu sobre como as últimas semanas tinham sido difíceis.

Ela disse: *"Tenho sido invadida por uma ansiedade horrível que parece surgir do nada. Não faz sentido algum. Sou uma mulher educada e profissional, mas no momento em que começo a pensar em tentar algo novo ou aspirar a um objetivo maior, surge essa onda de ansiedade. É como se meu corpo soubesse intuitivamente que algo ruim vai acontecer se eu seguir em frente. Tenho a "forte sensação" de que vou fracassar ou que tudo vai desmoronar. Por mais que tente me convencer do contrário, o medo não desaparece".*

"O que você faz quando isso acontece?", perguntei.

"Ah, isso é fácil!", respondeu ele. *"Eu paro de tentar* para que nada de ruim aconteça."

"De onde veio isso?", perguntei em voz alta.

Um olhar perdido tomou conta do rosto de Sandy, seguido por longos momentos de profunda reflexão. Quebrando o silêncio, ela deu de ombros, levantou as mãos e exclamou: "Não faço ideia!".

"Bem, não há problema em não ter ideia", respondi. "Se saber de onde vem a ansiedade é necessário para a sua cura, Deus lhe mostrará o que você precisa saber no momento certo. Ele é bondoso e gentil nesse sentido."

Sandy recostou-se, afundou-se na cadeira, suspirou e disse: "Acho que sim, mas é tão frustrante!".

Eu compreendia a confusão de Sandy, pois eu mesma já havia passado por isso e testemunhado em muitas outras pessoas ao longo dos anos. Sua luta ia além do tédio e da falta de motivação que geralmente acompanham o cansaço causado pelo luto. Ela realmente queria seguir em frente, mas o medo dominava suas decisões.

Por que essa ansiedade tão intensa parecia surgir do nada, sem aviso prévio e de forma desmedida? Por que ela se sentia tão perdida, incapaz de estabelecer metas que sua família e amigos estavam convencidos de que ela era capaz de alcançar? Eu me perguntava se as experiências de sua infância, os sentimentos que *ela havia captado* dos outros e internalizado, a mantinham cativa.

É preciso reconhecer que Sandy se recusou a continuar suportando a ansiedade incômoda e a trouxe à tona. Ela queria colocar em prática algo que havia aprendido:

O que revelamos pode ser curado.

Acalmei Sandy dizendo-lhe o que agora transmito a você: Deus se preocupa profundamente com as privações e as dores que você sofreu ao longo da sua vida. Ele sente compaixão por todas as feridas e perdas que você suportou. O Pai, o Filho e o Espírito Santo são comovidos pelos *sentimentos* de suas fraquezas[214] (observe a palavra "sentimentos"), incluindo todas as emoções armazenadas nos mapas mentais além da consciência, retidas nas células do seu corpo.

Tenha certeza de que o Espírito Santo sabe, melhor do que ninguém, como ajudá-lo na sua fraqueza.[215] Com uma criatividade extraordinária e uma precisão maior que a de qualquer cirurgião cardíaco renomado, o Amante da sua alma anseia pelo seu convite para colaborar na restauração e renovação das suas emoções com graça curativa.

Mesmo quando você não sabe o que dizer ou como orar, o Espírito Santo está intercedendo junto ao Deus Trino sobre o que você precisa. Nada escapa à compreensão de Deus sobre tudo o que você enfrentou, e Ele nunca deixa de saber como agir em seu favor.[216]

"Sandy, eu me pergunto se poderíamos tentar algo juntas. Você está disposta a convidar Deus para esta conversa, para que Ele a ajude a dar o próximo passo em direção à liberdade?"

"Não sei. Como seria isso?", perguntou ela com apreensão.

Ofereci uma explicação simples: "Você já fez uma chamada a três com colegas de trabalho ou amigos? (Sandy já tinha feito isso muitas vezes. Era fácil para ela entender a metáfora). É um pouco como fazer uma chamada a três. Você e eu estamos conversando, e o que eu gostaria de fazer é convidar Deus para se juntar à nossa conversa, para nos ajudar a explorar o que está acontecendo dentro de você.[217] Vamos pedir a Deus que nos dê perspectiva e sabedoria sobre o medo oculto que continua aparecendo e impedindo seu crescimento. Deus sabe melhor do que ninguém como funcionam as complexas conexões entre seu coração, sua alma, sua mente e seu corpo. Ele tem uma maneira de atravessar as camadas de confusão com graça e verdade[218] como ninguém mais. Deus é quem melhor pode orquestrar a cura de sua dor.[219] Podemos trabalhar todos juntos. Você concorda?

Sandy disse que estava disposta a tentar, enquanto eu a guiava para uma conversa com Deus. A seguinte sequência de eventos se desenrolou.

Sandy e eu respiramos profundamente várias vezes para relaxar naquele momento, e eu orei:

Senhor, obrigada por Sandy e seu desejo de crescer e se tornar tudo o que Você a criou para ser. Pai, Filho e Espírito Santo, convidamos Vocês a se juntarem à nossa conversa. Obrigada por estarem aqui conosco. Vocês estão sempre conosco. Antes mesmo de pedirmos, Vocês sabem que queremos a ajuda de Vocês e precisamos da sabedoria de Vocês.[220]

Nós nos aproximamos de Você agora, fixando nossos olhos em Você.[221] *Abra nossos ouvidos para ouvir e nossos olhos para ver o que Você quer que saibamos. Silenciamos todas as vozes que não sejam o Espírito do Deus vivo para que não influenciem nossa conversa.*[222] *Em nossa imaginação, visualizamos Você aqui nesta sala conosco e reconhecemos a profunda compaixão que Você sente pela dor de Sandy. Peço que nos guie para a graça e a verdade enquanto falamos com Você.*[223]

Expliquei o próximo passo para Sandy:

Pela fé, vamos acreditar que Deus nos falará. Começarei fazendo uma pergunta a Deus e, em seguida, gostaria que você descrevesse qualquer palavra, imagem, ideia ou intuição guiada pelo Espírito Santo que vier à sua mente. Não há necessidade de analisar, pensar demais ou criticar o que vier à sua mente. Simplesmente deixe o processo se desenvolver e verbalize o que você sente. Você está segura na presença do Amor.[224]

Sandy assentiu, compreendendo e concordando.

Senhor, pedimos sabedoria.[225] *O que você quer que Sandy compreenda sobre a ansiedade que a oprimiu esta semana?*

Sandy respondeu: "O que me vem à mente é uma viagem à casa dos meus avós. Lembro-me de ir de trem com minha mãe para visitar minha avó e meu avô em Dakota do Sul. Eu era uma criança pequena e gostava de me agarrar à borda da mesa de centro que ficava na frente do sofá deles e deslizar ao redor dela.

A vovó decorava o centro da mesa com lindos objetos de coleção. Uma tarde, estendi a mão para tocar em um deles e minha mãe deu um tapinha na minha mão. Estendi a mão novamente e minha mãe me deu um tapinha ainda mais forte. A vovó se afastou e disse à minha mãe: "Deixe-a, querida. Ela não pode quebrar nada. Se quebrar, quebra. Não tenho nenhum apego por eles".

Minha mãe disse: "Não! Sandy precisa aprender que não pode tocar em certas coisas!".

Cada vez que eu estendia a mão, minha mãe me dava um tapa. Isso se repetiu várias vezes até que finalmente eu me joguei no chão chorando histericamente. Minha mãe costumava contar a história nas reuniões familiares sobre como "me ensinou uma lição". Ela dizia que eu era tão persistente que bateu nas minhas mãos "até ficarem vermelhas como um tomate". Como de costume, minha avó sempre intervinha com seu ponto de vista: "Acho que você foi muito dura com ela, querida".

A avó era o meu refúgio amoroso e terno.

Ahhh, então sua avó era uma pessoa segura?

"Sim! A avó era a única pessoa segura durante meus primeiros anos".

Você se lembra de ter sentido alguma coisa quando sua mãe batia nas suas mãos?

"Sinto um formigamento vago agora, uma pontada no dorso das mãos. É como se estivesse bem na borda."

Sandy fez uma pausa de alguns segundos, riu timidamente e disse: "Acho que isso é bobagem, como se eu estivesse inventando tudo e a ardência não fosse real".

(Observe como Sandy passou de sentir lembranças a analisá-las, passando da emoção à razão. A intelectualização é um mecanismo de defesa comum que usamos para evitar sentir dor emocional. Eu respondi simplesmente tranquilizando-a).

Sandy, você está segura. Você pediu a Deus para falar com você e guiá-la até a verdade. Não há necessidade de questionar o que você sente. (Nos momentos que se seguiram, uma névoa densa pareceu se dissipar pela primeira vez em anos. Sandy começou a ver com seus olhos espirituais e foi capaz de conectar seus pensamentos com seus sentimentos).

"Minhas mãos doem e me sinto triste. Mas não sei por que me sinto triste. Estou confusa. Fiz algo errado? O que fiz de errado?"

(A mente percebe com mais clareza quando está em paz. Quando os sentimentos de Sandy se intensificaram, pausamos momentaneamente para respirar e acalmar o coração, a alma, a mente e o corpo.)

Sandy, vamos fazer uma pausa e voltar a um lugar de paz. Respire profundamente várias vezes e deixe seu corpo se acalmar. Volte a concentrar sua atenção em Deus. Ele sabe tudo o que há para saber sobre a situação. Neste momento, você tem todo o amor e atenção dele. Você consegue imaginar Deus aqui com você?

"Sim".

O que você percebe?

"Jesus está sentado ao meu lado".

Você sente algo específico?

"Sinto alegria vinda dele, como se ele estivesse feliz por estar aqui e quisesse ficar".

Tudo bem. Sandy, imagine que você coloca toda a tristeza e confusão do incidente na casa da sua avó em um objeto físico que você pode segurar nas mãos. Pode ser qualquer objeto que você escolher e que simbolize sua dor. Você consegue imaginar um objeto tangível?

"Sim".

Você pode descrevê-lo para mim?

"Parece uma bola feita de papel machê, envolta em várias tiras sobrepostas. As tiras são de cor marrom-claro, semelhante à fita adesiva. A bola de papel machê é enorme comparada a mim. Mal consigo abraçá-la com os dois braços. Provavelmente tem o tamanho de uma bola de vôlei na vida real, mas para mim, pequena, a bola parece gigantesca nas minhas mãos."

Qual é a sensação ao tocá-la?

"Na verdade, ela é um pouco áspera, áspera e pontiaguda nas minhas mãos."

Quanto pesa?

"Não é especialmente pesada. É apenas volumosa e difícil de segurar." *Você consegue imaginar entregar a bola a Jesus, sentado ao seu lado?* "Sim."

O que Jesus faz quando você a entrega?

"Jesus olha para a bola. Agora ele sorri para mim e a coloca debaixo do braço".

O que isso significa?

“Não é mais meu fardo. Ele assumiu a responsabilidade. Agora ele está jogando a bola em uma grande pilha de lixo. (Sandy ri). Oh, que engraçado. A primeira coisa que penso é: “Oh, Jesus, não jogue fora”. Por que eu pensaria isso?”

Essa é uma ótima pergunta. Por que você não pergunta a Ele?

Sandy pensou em silêncio.

“Hum... Acho que é porque isso faz parte de mim há tanto tempo que sinto como se Ele estivesse me jogando fora também”.

Quer perguntar a Ele se isso é verdade?

“Ele está me mostrando que não é verdade. Ele nunca vai me descartar. Eu sou Sua filha amada. Ele quer que eu me sinta livre para carregar esse fardo. Ele sabe que é grande e pesado, e que é difícil para mim deixá-lo ir. Ele está me assegurando que não preciso fazer isso sozinha.”

Você gostaria de pedir ajuda?

“Sim! Jesus, você vai me ajudar a viver sem esse fardo? Posso sentir que Ele está aqui para me ajudar. Ele quer que eu confie Nele. Ele conhece minhas lutas e não parece decepcionado comigo. Ele não me critica, nem me repreende, nem me dá sermões. Ele me garante que posso confiar Nele e que continuará me ajudando a confiar Nele”.

(Reconheci que este era um momento crucial, porque a confiança era especialmente difícil para Sandy devido a um trauma infantil. Paramos por um momento até que o Espírito Santo nos inspirou outra pergunta).

Sandy, como você quer responder a Jesus?

Ela parou por alguns instantes e respondeu com ansiedade: "Não tenho certeza. Não há nada aí. Não há nada... NADA. Estou bloqueada. Estou presa".

(A percepção de "não há nada aí" estava correta. A interpretação de "estar bloqueada" não estava. À medida que continuávamos, o Espírito Santo guiou Sandy à verdade).

Sandy, a verdade é que você não está bloqueada. Você está em movimento. Você está no meio de uma conversa com Deus. No centro dessa grande bola coberta por camadas de substância pegajosa está o medo de que algo ruim aconteça. Você entregou esse fardo a Jesus. Ele o pegou, guardou debaixo do braço e depois jogou em uma pilha de lixo. Aconteceu algo ruim?

(Nos momentos seguintes, Deus começou a redefinir a realidade de Sandy com novas imagens na tela de sua mente).

"Não...", ela respondeu. "Espere! Espere um momento! O que é isso? Jesus, o que estou vendo? É um buraco, um espaço vazio. O lugar onde antes estava o fardo está vazio. Agora não há nada lá!"

Sim! Sandy, por que você não pede a Deus para preencher o espaço vazio com o amor dele? Com suas próprias palavras, diga a Deus que você está disposta a receber tudo o que Ele sabe que você precisa para se curar. Abra-se para receber qualquer presente que Deus tenha para você.

"Jesus, há algo que você queira me oferecer para substituir minha carga?".

(Após uma longa pausa, Sandy começou a descrever o que sentiu).

"Uau! Jesus está removendo as camadas que cobrem a bola. Uma por uma, volta após volta, Ele está desenrolando as camadas pegajosas até chegar ao núcleo. Ele pega algo de dentro da bola e me entrega uma pequena estatueta. É uma das lindas porcelanas que estavam na mesa de café da minha avó! Oh! Uau! Sinto o calor se espalhar pelo meu peito. Posso ver minha avó sorrindo! Uau! Jesus me deixou ver minha avó sorrindo! (Sandy ficou sentada em silêncio, maravilhada com a bondade de Deus).[226]

Fique aí um pouco e absorva a presença de Deus, Sandy. Deixe o amor de Deus impregnar e imprimir cada parte do seu ser. (Depois de alguns minutos, perguntei se havia mais alguma coisa).

Sandy, há mais alguma coisa que chame sua atenção?

"Sim. Vejo a menina chorando, mas ela não chora de dor. Ela chora porque está dominada pela alegria e pelo alívio!"

Que lindo! Vá em frente, pergunte a Deus o que isso significa.

"Ele está me tranquilizando novamente. Ele quer que eu saiba que tudo o que perdi, Ele restaurará. Não importa o quão pequeno e insignificante possa parecer, ou o quão grande ou terrível possa ser, Jesus me ama tanto que fará isso por mim".

Há mais uma coisa. Vejo que a estatueta é muito pequena em comparação com aquela bola grande e desajeitada. É leve, fácil de segurar e se encaixa perfeitamente na minha mão."[227]

Isso é lindo, Sandy. Deus é a pessoa mais bondosa que você jamais conhecerá! Por acaso você tem algum objeto em casa que possa servir como um lembrete simbólico dessa conversa com Deus? Algo tangível que você possa exibir e ver facilmente ao longo do dia?

"Sim! Tenho a lembrança perfeita! (Ela foi buscar algo em outro cômodo e depois me mostrou). Quando Cooper morreu, uma amiga querida me deu esta pequena estatueta de madeira de um anjo que embala um cachorrinho perto do seu coração.

Era um presente muito simples, mas me comoveu profundamente. Agora, quando olho para ele, lembro-me do quanto eu amava Cooper e do quanto Deus me ama.

Isso me ajudará a preservar a lembrança do que senti ao entregar minha dor a Jesus... ao ver o sorriso caloroso da minha avó... e ao sentir a alegria de Jesus por estar comigo."

Isso é fabuloso! Quando você olhar para a estatueta, faça uma pausa e tome consciência do Amor que o abraça calorosamente tal como você é, naquele momento. Agradeça a Deus por ser poderoso em você[228] *e por ajudá-la a ser cada vez mais sensível e receptiva à Sua presença.*[229] *Agradeça-Lhe por orquestrar sua cura. Diga em voz alta para que seus ouvidos também ouçam: "Eu confio em você, confio em você, confio em você para completar a boa obra que está fazendo em mim".*[230,231]

"Tudo bem! Eu farei isso! Oh, percebi outra coisa que é realmente diferente: sinto uma alegria única que nunca havia experienciado antes. É como se Jesus estivesse feliz porque eu estou feliz!".

Sandy e eu rimos muito, e eu disse a ela: "Sim, senhora! Não duvide nem por um segundo, porque essa é a verdade!"[232]

Sandy estava avançando, em uma nova dança rítmica com o Mestre Reparador. Ela continuava praticando abrir o coração para o Amor, entregar seus fardos e receber a graça de Deus. O processo era deliberado, rotineiro, suave e tranquilo.

Durante as semanas seguintes, Deus se manifestou maravilhosamente uma e outra vez. As provações continuam a preencher as páginas dos cadernos de oração de Sandy. No final deste capítulo, você encontrará outra das Conversas de Amor de Sandy.

Meses depois, Sandy estava em sua cozinha conversando com Jesus sobre algo que a preocupava. Enquanto orava, uma imagem veio à sua mente: ela se via jogando brincando a bola de papel machê pelo chão da cozinha em direção a Jesus. Naquele momento, uma profunda sensação de amor e calma a invadiu. Essa experiência me impactou profundamente, pois revelou a compaixão do Grande Médico,[233] que cura corações partidos e reconfigura o sistema nervoso enquanto redime memórias dolorosas. Pouco a pouco, ponto a ponto, Sandy foi se recuperando.

Você sente uma suave emoção em seu coração?

Talvez um silencioso desejo de realmente *sentir* Deus, não apenas conhecê--Lo, mas desenvolver uma amizade e permitir que Ele o guie cuidadosamente através de sua dor para uma nova vida?

Se sim, não ignore esse desejo. É um convite. Por que não clamar a Ele?[234] Ele está ouvindo e responderá.[235] Ele deseja compartilhar com você coisas belas e ocultas que você ainda não conhece.[236]

E, por favor, não complique demais. É mais simples do que muitas vezes pensamos. Basta falar com Ele, com sinceridade, de onde você estiver, e então fazer uma pausa para ouvir. As respostas podem não chegar todas de uma vez, mas chegarão.

Mesmo que esse tipo de conversa com Deus seja novo para você, ou pareça incerto, não há nenhum passo que você possa dar em direção a Deus que o Amor não receba com graça e bondade.

Um convite à ação

1. Durante os próximos sete dias, faça uma pausa de cinco minutos durante o dia para praticar o silêncio. Coloque um cronômetro e concentre-se em respirar profundamente (B.O.P.) até atingir um estado de paz. Em seguida, peça a Deus que lhe dê uma palavra ou frase que traga consolo ao seu coração enlutado. Anote as respostas específicas que você receber a cada dia.

2. Depois de reunir sua lista de palavras ou frases, pergunte a Deus se há algo mais que Ele queira que você compreenda sobre elas. Há algum passo específico que Ele esteja guiando você a dar? Dedique um tempo para ouvir em silêncio e escreva suas ideias em seu diário de oração.

3. Dê um pequeno passo em direção ao que você sente que Deus está convidando você a fazer.[237]

Acredito que Deus às vezes usa acontecimentos completamente inexplicáveis em nossas vidas para nos guiar até Ele. Cada vez, nós decidimos se nos inclinamos para o que está acontecendo e dizemos sim, ou se nos afastamos. As pessoas que seguiam Jesus na Galiléia tinham que decidir o mesmo todos os dias, porque não havia um mapa, nem um programa, nem certezas. Tudo o que tinham era essa pessoa, uma ideia e um convite para vir e ver.
Bob Goff

Jesus apareceu para mim esta manhã junto à piscina de Coral Baja. Ele estava acomodado na minha cadeira favorita, no lado norte, sob a sombra de um guarda-sol. No início, pensei que era Bob quem estava sentado ao meu lado. Mas quando olhei novamente, não era Bob, era Jesus. Ele estava usando um calção de banho e parecia completamente relaxado.

Fiquei surpreso ao vê-lo na sombra e perguntei por que ele não estava ao sol. Ele sorriu e disse: "Não preciso do sol. Eu sou o Filho (Son)...". Nós dois rimos com uma risada que encheu nossos peitos de alegria.

"Sandy, olhe ao seu redor, o que você vê?", ele me perguntou.

Olhei ao nosso redor. "Vejo o oceano, as ondas, a areia, as ondas quebrando e as cabanas de praia. E espere, o café Mama Mia... O quê? Mama Mia? Espere! Estou vendo minha mãe! Aqui? Agora?".

Fiquei sem fôlego. A ansiedade tomou conta de mim. "Minha mãe? Sério? Meu Deus, não estou preparada para isso!"

Jesus não se mexeu. Deitou-se calmamente ao meu lado, com os olhos fechados, e disse-me suavemente: "Demore o tempo que precisar, Sandy. Estou aqui com você."

Minha mãe caminhou lentamente em nossa direção. Instintivamente, comecei a me levantar, mas Jesus estendeu a mão para me impedir. "Espere, Sandy, deixe-a se aproximar de você".

Mãe sentou-se ao meu lado, vibrante e jovem, com aparência de ter vinte e poucos anos, vestida com roupas simples e elegantes dos anos 40. Sua beleza era natural, sem esforço. Sorri e disse: "Você ainda tem suas pernas de Betty Grable". Ela riu alto, cheia de vida.

Por fora, esbocei um sorriso. Mas por dentro, minhas barreiras estavam erguidas, como sempre. Eu não sabia como agir, insegura sobre como receber aquele momento. Sentindo a tensão, mãe se inclinou com uma força elegante e me ofereceu um presente: uma mensagem completamente inesperada da qual eu precisava há anos:

"Eu te amo, Sandy. Não tenha vergonha de contar suas histórias, está tudo bem. O que você lembra é verdade. Nunca foi culpa sua, foi minha. Você era uma menina doce, ferida pela dor que eu causei. E você sobreviveu. Agora, conte sua história. Transforme-a em nossa história. Fale sobre isso agora, porque não existirá quando você chegar em casa. Estou animada com tudo o que compartilharemos quando você chegar aqui".

Ela me abraçou e me beijou, disse "eu te amo" e desapareceu.

Durante todo esse tempo, Jesus permaneceu deitado ao meu lado, tranquilo, presente, com os olhos fechados, oferecendo-me um amor constante que não pedia nada em troca. Ao ouvir meu suspiro de alívio exausto, Ele me convidou a ficar um pouco e descansar.

"Hoje, quando ouvirem a Sua voz, não endureçam o coração de vocês."
Ainda há um descanso especial esperando pelo povo de Deus.
Portanto, façamos todo o possível para entrar nesse descanso.
Hebreus 4:11, NLT.

17

SONHOS ETERNOS

Ele descobre os mistérios ocultos na escuridão;
ele traz luz à mais profunda penumbra.
Jó 12:22, NLT

Seis meses depois que Nathan foi para o céu, fui tomada por uma sensação pesada e inabalável de tristeza iminente. Seu primeiro aniversário longe de nós se aproximava e com ele vinha um medo profundo, não apenas por aquele dia, mas por outras festas e tradições que antes compartilhávamos.

A dor, em sua forma mais crua, não toca apenas o coração, mas envolve todo o corpo. Na noite de 6 de setembro, deitei-me na cama e me aconcheguei debaixo dos lençóis como uma criança assustada em busca de refúgio. Aconcheguei-me ao meu marido, John, e nossos braços envolveram meu coração partido. O choro continuou até que o sono finalmente me trouxe alívio.

Por volta das 3 da manhã, acordei de repente, mas não no meu quarto. Eu estava alerta, mas de alguma forma em outro lugar, viva em um lugar que parecia estar fora do tempo. Mesmo agora, é difícil expressar isso em palavras. Era como se eu tivesse entrado em uma dimensão oculta onde a presença sagrada respirava beleza e bondade. Naquele lugar, testemunhei um mistério sagrado:

> Meu marido, John, e eu caminhávamos de mãos dadas por uma trilha de cedros, através de um extenso parque. Suaves colinas verdes se estendem em todas as direções até onde a vista alcança. Árvores imensas de altura excepcional se erguem acima de nós como arranha-céus emblemáticos. Os galhos cobertos de folhagem vibrante se retorcem e se curvam em forma de um enorme arco sobre o caminho por onde passamos.
>
> À distância, centenas de pessoas aglomeram-se e comemoram numa área de lazer que parece uma maquete em miniatura. Fogos de artifício coloridos explodem e brilham, salpicando o céu com flashes que anunciam a festa que decorre lá em baixo.
>
> Em um instante, a cena muda, como quando uma câmera faz zoom em um objeto específico. John e eu estamos caminhando pela trilha de cedros, mas as vistas distantes desaparecem e tudo ao nosso redor parece próximo, como em tempo real.
>
> À nossa esquerda, há uma mesa redonda de madeira cheia de alunos do ensino médio, sentados ombro a ombro ao redor

do círculo. Não consigo ouvir a conversa deles, mas suas risadas e gestos denotam uma grande amizade e diversão.

O rapaz do outro lado da mesa, olhando em nossa direção, percebe que estamos passando por eles. De repente, ele se levanta, agita os braços com entusiasmo e grita com grande entusiasmo: "Ei! Ei! Nós o encontramos! Encontramos o Nathan! Encontramos o Nathan!".

O rapaz sentado bem à sua frente, de costas para nós, vira-se na nossa direção. Para minha surpresa, era Nathan. Ele olhou diretamente nos meus olhos, com o rosto radiante, e gritou alegremente: "Oi, mãe! Estou vivo! Estou vivo!". Cada célula do meu corpo reconheceu sua voz e fiquei surpresa com a perfeita clareza de sua fala.

Neste mundo, Nathan era incapaz de articular a maioria das palavras devido a uma apraxia grave.[238] Uma das lutas mais difíceis de Nathan era ter palavras em seu coração que ele não conseguia dizer. Para nós também era difícil. Desejávamos desesperadamente ouvir os pensamentos e sentimentos de Nathan. Suponho que nossos anseios como pais eram apenas uma pitada da dor que Deus sente quando você e eu passamos nossos dias sem compartilhar nossas mentes e corações com ele.

Assim que as palavras saíram dos lábios de Nathan, ele se virou alegremente para os amigos, feliz por retomar de onde havia parado, e eu acordei assustada.

"NÃO! Não quero acordar! Volte!", gritei sem emitir nenhum som, "Quero ficar com o Nathan!".

Mas não havia volta.

Levantei-me da cama para anotar o sonho no meu diário, com o desejo de lembrar cada um de seus detalhes fascinantes.

A dor é complicada. Ela pode desencadear lembranças que você preferia esquecer e embaralhar aquelas que você quer guardar. Eu não estava disposta a deixar esse encontro escapar sem reconhecê-lo plenamente.

O rapaz que agitava os braços e gritava em êxtase: "Nós o encontramos! Encontramos o Nathan!", me deixou perplexa.

Ao longo dos anos, aprendi as vantagens de fazer uma pausa para perguntar a Deus quando a realidade não parece se encaixar no meu esquema. Conversas sinceras sobre o amor me levaram a descobertas que eu nunca teria desfrutado se tivesse me baseado apenas na minha compreensão limitada.

Sintonizada com a pergunta mais urgente que tinha dentro de mim, perguntei em voz alta num papel: "Por que é que o menino disse: "Nós o encontramos! Encontrámos o Nathan!"? As crianças perdem-se no céu?".

Você precisa de um pouco de contexto para entender por que minha linha de pensamento se dirigiu automaticamente nessa direção. Isso está relacionado ao mapa neural tangível do meu cérebro.

Quando Nathan tinha quatro anos, nós o chamávamos carinhosamente de nosso míssil sem direção. Impulsionado por conta própria e movido por uma veia independente, ele disparava de casa pelo bairro e pelo bosque que cercava a área verde ao lado. Para ele, essas escapadas eram aventuras inocentes e empolgantes. As pessoas dizem que Nathan herdou esse espírito desbravador naturalmente.

Havia algo misterioso e atraente para Nathan em uma porta aberta da casa de um vizinho. Não me lembro de todos os DVDs, câmeras e outros aparelhos que descobrimos debaixo da cama de Nathan e que tivemos que devolver envergonhados. Não foi Madre Teresa quem disse que aprendemos a humildade através da humilhação? Acho que ela estava certa. Nathan sempre nos dizia exatamente onde havia encontrado seus tesouros e se desculpava de bom grado com os legítimos proprietários.

Perdi a conta das vezes que nossa família, nossos amigos e a polícia local formaram grupos de busca para nos ajudar a encontrar nosso filho desaparecido. Essas buscas me proporcionaram alguns dos momentos mais assustadores da minha vida. "Nós o encontramos!" era uma frase familiar que cada fibra do meu ser conhecia perfeitamente, em um momento e lugar diferentes.

É por isso que eu estava desconcertada. Eu queria saber por que os meninos estavam procurando Nathan.

Quando terminei de colocar o ponto final no meu diário, um torrente de palavras passou pela minha mente: *eles queriam encontrar o menino (Nathan) que me tinha dado grande glória.*

Fiquei atordoada, envolta em uma névoa de eterno mistério.

Minha mente voltou àquelas inúmeras cartas e mensagens cheias de carinho enviadas por estudantes do ensino médio, que se reuniam ao redor dos mastros de suas escolas, orando com fervor por Nathan em uma cidade mais conhecida por seu agnosticismo e dúvida intelectual do que por fé. Pensei nas crianças pequenas do ensino fundamental que, ao ouvir sobre o acidente de Nathan, nos enviaram desenhos, imagens inocentes e ternas de suas conversas com Deus. Lembrei-me também da jovem de 20 anos que, pela primeira vez na vida, pôde ver o rosto das pessoas que amava graças ao presente das córneas de Nathan. E houve ainda o avô cuja vida se esvaía silenciosamente, agora rindo e brincando novamente com os netos. O rim de Nathan lhe havia dado uma segunda chance.

Mais de 3.000 pessoas se aglomeraram em uma sala lotada para homenagear Nathan em sua Celebração da Vida. Durante o microfone aberto, uma pessoa após a outra se levantou, com a voz trêmula de emoção, para compartilhar histórias de como Nathan, nosso jovem especial com síndrome de Down, havia moldado silenciosa e profundamente suas vidas. Ficou claro: o curto tempo de Nathan na Terra havia enviado ondas de significado eterno, chegando mais longe do que jamais imaginávamos.

Na noite sombria que antecedeu seu décimo sétimo aniversário, eu estava no limite da minha capacidade de lidar com a situação. Em um momento de transcendência, o Amor aventurou-se em meus sonhos, enchendo meus sentidos de bondade ilimitada e clareza atemporal. Senti-me criativamente atraída por uma nova maneira de ver, pensar e sentir Nathan, na qual o medo começou a afrouxar seu controle e as fraturas causadas pelo estresse em meu coração começaram a se curar lentamente.

A dor continuava sendo uma força feroz a ser considerada, mas seu controle sobre mim era notavelmente diferente. Minha maneira de ser havia mudado.

Eu me deleitava em saber que Deus não se mantém afastado da nossa dor. Ele entra nela, com ternura e poder, para revelar o que é bom e belo, e para continuar o profundo trabalho de nos tornar completos. Seu desejo para nós não é apenas a sobrevivência ou a adaptação, mas a restauração. Mesmo nos vales sombrios da morte, há sementes de vida esperando para brotar. Lá também somos convidados a crescer e florescer.

Portanto, quando você finalmente se deitar na cama, exausto e cansado, tenha ânimo. Nenhum lugar da sua alma está muito árido, muito quebrado ou muito perdido. Mesmo enquanto você dorme, Deus se aproxima e continua reparando silenciosamente o que você acredita ser irreparável.[239]

Você vai ficar bem. Deus trabalha no turno da noite.[240]

Um convite à ação

1. Convide Deus para falar com você da maneira que Ele quiser, mesmo enquanto você dorme.

2. Anote em seu diário o que você lembrar de qualquer sonho vívido que tiver.

3. Pergunte a Deus se há algo que Ele quer que você entenda sobre o sonho e escreva tudo o que vier à sua mente. Se Ele quiser lhe dar uma revelação, sem dúvida Ele pode fazê-lo e o fará. Se nada lhe vier à mente imediatamente, não se preocupe, apenas mantenha-se aberto e atento. O papel do Espírito Santo é trazer clareza no momento certo. Como tudo na vida, o discernimento se desenvolve com a prática.[241]

18

O MISTÉRIO ÀS PORTAS DO CÉU

Os milagres são sinais e, como todos os sinais, nunca se referem a si mesmos, mas ao que eles apontam. Os milagres apontam para algo além deles mesmos. Mas para quê? Para o próprio Deus. Esse é o sentido dos milagres: apontar para além do nosso mundo, para outro mundo.
Eric Metaxas

No dia 24 de janeiro, minha mãe teve seu despertar definitivo. Ela deixou este mundo para iniciar uma nova vida que você e eu só podemos imaginar em nossos sonhos mais loucos.

Estar com um ente querido que está prestes a entrar na eternidade é algo maravilhoso. Vi de perto como os mistérios se desenrolavam durante os últimos dias da minha mãe conosco.

Minha mãe tinha o hábito de reposicionar o relógio do Mickey Mouse que usava no pulso esquerdo. Por mais de 30 anos, esse relógio favorito viajou com ela por todo o mundo. Embora pudesse ter usado um muito mais *elegante*, minha mãe gostava do Mickey. Seus ponteiros grandes apontavam para números grandes, agradáveis aos olhos cansados.

Todas as manhãs, sem falta, minha mãe dava nove voltas no relógio para que ele não adiantasse. Quando as correias de couro se desgastavam, outras novas eram colocadas no lugar, mantendo o Mickey por perto ao longo dos anos.

No dia da formatura da minha mãe, para nossa surpresa, Mickey tinha uma surpresa preparada para todos nós, que anotei em meu diário.

Entrada no diário de 24 de janeiro: mãe vai para casa

Nossa mãe repousa em paz, sem responder por horas. Segundo a enfermeira do hospício, sua partida estava próxima.

Nossa família a rodeia, esforçando-se para cantar *O Hino de Batalha da República*, a música de formatura que ela havia escolhido alguns dias antes. Entre lágrimas, entoamos com dificuldade a melodia:

> "Meus olhos viram a glória da chegada do Senhor. Ele está pisoteando a vindima onde são armazenadas as uvas da ira. Ele desencadeou o relâmpago fatídico de sua terrível espada veloz, sua verdade segue em frente. Glória, glória, aleluia… Glória, glória aleluia...".

No meio desse coro de glória, glória, os olhos da mãe se abriram de repente, do tamanho de moedas de vinte e cinco centavos, surpreendendo a todos nós. Reunindo cada grama de força que lhe restava em seu corpo cansado, ela fixa o olhar em algo acima e além dela. Todos nós também olhamos. Nenhum de nós sabe o que ela vê *lá em cima*, mas seja o que for, isso a mantém hipnotizada por várias respirações lentas e profundas. Então ela entreabre os olhos, como se faz quando o sol está muito forte para os olhos, fecha as pálpebras com força e nos deixa.

Todos ficamos atônitos.

Olhando para minha irmã Kelly, médica experiente e ex-enfermeira de cuidados intensivos, pergunto: "Kelly, você já viu algo assim?".

"Já vi muitas pessoas falecerem, mas nunca nada assim!", ela responde, balançando a cabeça.

Seguindo o protocolo padrão, Kelly olha para o relógio e anuncia: "A hora da morte é 15h44".

Meagan, a enfermeira do hospício, chega pouco depois, verifica os sinais vitais da minha mãe, confirma o falecimento e diz: "A hora da morte foi às 16h12".

Kelly esclarece: "Meagan, minha mãe faleceu às 15h44".

Meagan acena com a cabeça, anota a hora e assina os documentos oficiais.

Tiramos as joias da minha mãe. Meu pai as coloca na cômoda do quarto e fazemos o possível para nos consolar mutuamente.

* * *

São 22h. Estamos todos exaustos, esperando que o sono nos traga alívio.

Meu pai sai do quarto, entrega o relógio da mãe para Kelly e diz: "Gostaria que você levasse o relógio do Mickey Mouse da mãe para Rachael (a filha mais nova de Kelly, que é autista). Acho que ela vai gostar". Kelly enxuga as lágrimas do rosto e recebe o presente com gratidão e um abraço caloroso.

Ao olhar para o relógio, Kelly fica boquiaberta com a surpresa. Seus olhos quase saltam das órbitas enquanto ela exclama: "Meu Deus! Você não vai acreditar! Olha isso!".

Ao virar o relógio para nós, a sala fica em silêncio.

Os ponteiros do Mickey pararam exatamente às 15h44, o momento exato em que mãe deu seu último suspiro, o instante em que terminou sua jornada e entrou na vida eterna.

Todos olhamos atônitos, suspensos em um mistério sagrado. O Deus de todo consolo captura nossos corações ao confundir nossas mentes.

Estou impressionada com a pura maravilha de tudo isso.

Anos depois, enquanto tomava um banho quente, meus pensamentos voltaram ao dia em que minha mãe faleceu e à surpresa que sentimos ao perceber que seu relógio parou junto com seu último suspiro. Eu sabia que não era apenas uma coincidência e continuava me perguntando se havia perdido algo.

Haveria algo mais nesse mistério do que eu conseguia compreender?

Com a água quente escorrendo sobre minha cabeça, olhei para cima e sussurrei: "Deus, há algo mais que o Senhor quer que eu saiba sobre o relógio da minha mãe ter parado naquele momento?"

Quase instantaneamente, um pensamento suave surgiu à minha mente: "Seus tempos estão em Minhas mãos."

As palavras ressoaram dentro de mim, cheias de paz e promessa.

Era um eco de esperança que fluía suavemente do coração de Deus para o meu; um reflexo da vida de Deus dentro de mim, que refletia as mesmas palavras que eu havia sussurrado muitas vezes nos meus momentos mais sombrios: "Meus tempos estão em suas mãos".[242]

Enquanto vivemos esta vida, na tensão entre o que já é e o que ainda não é, todos precisamos de alguém que nos ajude a suportar nossa dor e nos guie suavemente em direção ao significado. Por isso, convido você a levantar sua voz ao céu e esperar. Ouça o eco. Fique atento para que o Amor fale com você. Ainda há mistérios a serem descobertos.

Seus melhores sussurros ainda estão por vir, sussurros pensados para trazer renovação, plenitude e alegria.

Por quê? Porque você foi criado para conversar com Deus. E sua cura é importante, não apenas para você, mas também para seus entes queridos e para o bem comum.[243]

Um convite à ação

1. Alguma vez um mistério cativou seu coração com admiração? Anote em seu diário esse acontecimento inexplicável e

o que você pensou naquele momento sobre a possível intervenção de Deus.

2. Pergunte a um ou dois bons amigos se eles já vivenciaram algo que não conseguiram explicar e que acharam que poderia ser sobrenatural. Anote um breve resumo do que eles lhe contaram em seu diário.

3. Em uma escala de um a dez, quão fácil é para você acreditar que milagres acontecem hoje em dia? O que contribuiu para essa perspectiva?

19

BISCOITOS DE CHOCOLATE?

Não há nada a temer na vida, basta compreendê-la.
Agora é hora de compreender mais, para que possamos temer menos.
Marie Curie, física e primeira mulher a ganhar um Prêmio Nobel

"Mary, tenho uma pergunta para você: você se imagina na cozinha seguindo os passos de uma receita para fazer biscoitos de chocolate?".

Com um sorriso, ela respondeu: "Sim".

"Ótimo. Como você consegue fazer isso?", perguntei.

"Bem... Não é magia. Simplesmente vejo na minha mente", respondeu ela.

"Exato! Você consegue imaginar isso na sua mente porque Deus te criou com imaginação. Você tem uma capacidade inata de perceber imagens mentais, ideias e sensações com base no que aprendeu e vivenciou. Se seu nariz sentir o aroma de bacon frito flutuando pela sala, o que vem à sua mente?"

"Bacon".

"Sim. Quando você lê um texto, ouve palavras ou detecta algo com seus cinco sentidos, sua mente cria automaticamente uma imagem mental ou um conceito ligado a uma emoção e uma lembrança. É assim que nosso Criador nos programou", expliquei.

* * *

Albert Einstein expressou isso muito bem: "Sua imaginação é um avanço do que a vida lhe reserva. A lógica o levará de A a Z; a imaginação o levará a todos os lugares".

A imaginação é essencial para uma vida significativa. Ela permite que você saia da sua rotina diária e sonhe acordado com viagens, comida, planos futuros e novas possibilidades. Ela desperta a esperança, alivia o tédio, ameniza a dor, aumenta o prazer e enriquece seus relacionamentos mais íntimos.[244]

Isso inclui seu relacionamento com Deus.

O que imaginamos quando pensamos em Deus é profundamente importante. Na verdade, nos movemos naturalmente na direção da nossa imagem mental Dele.[245] Portanto, vale a pena perguntar: *Qual é a minha imagem de Deus? De onde ela vem? Como ela se formou? Que emoções estão ligadas a ela? E como posso saber se ela é precisa?* Essas são perguntas que vale a pena explorar com cuidado.

Aqui está o ponto simples que estou enfatizando: nossa imaginação desempenha um papel vital para nos aproximarmos de Deus e vivenciarmos a cura.

Após qualquer tipo de perda, é importante fazer uma pausa e refletir: *estamos pedindo a Deus que desperte nossa imaginação para que possamos compreender melhor quem Ele é, o que está fazendo e quem quer ser para nós neste momento?* Estamos nos tornando mais conscientes de como Ele age em nós e ao nosso redor? Estamos pedindo olhos e ouvidos espirituais para perceber as formas significativas pelas quais Ele está se revelando?

Se não, por que não?

Se realmente desejamos conhecer mais profundamente o amor de Deus, estamos dispostos a abrir espaço para que o poder, o mistério e a orientação do Espírito Santo moldem nossa imaginação e transformem a maneira como nos encontramos com Deus?

Ruth Burrows expressou isso de maneira muito bonita: "A oração tem muito mais a ver com o que Deus quer fazer em nós do que com nossa tentativa de "alcançar", "compreender" ou "entreter" Deus na oração. Podemos ter certeza de que, se dedicarmos tempo à oração, *Deus sempre terá sucesso, e isso é o que* importa".[246]

Não há um único momento em que o Amor divino não esteja agindo.[247]

O Amor sempre deseja se comunicar conosco. Essa é a vontade e o propósito irrevogáveis de Deus. É a razão pela qual cada um de nós existe. A consequência lógica para nós deve ser, sem dúvida, nos deixarmos amar, estarmos lá para que o Amor nos ame, nos deixarmos entregar, nos deixarmos transformar por este grande Deus e nos tornarmos capazes da união total com Ele.[248]

Imaginemos as possibilidades. Em quem nos tornaríamos se praticássemos abrir espaço para sermos preenchidos pelo amor da bondade transformadora de Deus?[249,250,251]

* * *

Depois de criar quatro filhos e se tornar avó de oito netos, Mary chegou a uma fase da vida em que estava pronta para enfrentar lutas pessoais de longa data. Ela estava decidida a concentrar sua energia na cura emocional e *a fazer o trabalho interior* necessário. Mary queria lidar com as experiências prejudiciais do seu passado, feridas que lhe roubaram o seu sentido de liberdade e alegria,[252] para poder desfrutar plenamente dos seus anos dourados e deixar um legado significativo de amor.

Mary evitou por muito tempo as partes dolorosas de sua vida, mas a cura começou no momento em que ela estendeu a mão e trouxe sua história à luz do amor de Deus. Um vislumbre de um novo começo ocorreu quando Mary se voltou para Deus e começou a falar honestamente sobre o que pesava em seu coração. Minhas palavras aparecem em itálico; as de Mary estão em letra normal.

Mary, vamos começar com algumas respirações profundas para acalmar seu corpo e sua mente. Inspire paz e expire qualquer estresse que você tenha. Deixe seu corpo relaxar completamente. Continue respirando profundamente, liberando a tensão de cada parte do seu corpo. Preste atenção a cada área, começando pela cabeça e avançando lentamente até os dedos dos pés. A cada respiração, libere qualquer tensão e relaxe um pouco mais.[253]

Silenciamos qualquer voz que não esteja em completo alinhamento com o Amor Perfeito.

Mary, fixe seus pensamentos em Deus e peçamos orientação e sabedoria divinas.[254]

Senhor, Você é quem criou Mary. Você esteve com ela desde o momento em que ela foi concebida no ventre de sua mãe. Você esteve com ela durante sua infância e sua vida adulta, até este momento específico no tempo. Agora Você está aqui com ela. Pedimos que Você se revele a Mary da maneira que ela precisar para recomeçar seu processo de cura.

Senhor, conceda-nos a consciência espiritual. Abra nossos olhos e ouvidos para a verdade de quem Você é, nossa Realidade Última. Ajude-nos a conhecê-Lo mais plenamente, a sentir Seu coração e a descansar em Seus pensamentos. Nós nos abrimos para receber cada expressão de amor que Você tem por Mary hoje. Amém.

Mary, Seu Criador desenhou lugares magníficos na terra para você desfrutar. Você já viajou para lugares que deseja visitar novamente. Agora, imagine-se em um desses lugares lindos e relaxe da cabeça aos pés. Deixe a paz invadir você. Com os sentidos que Deus lhe deu, aprecie as cores, a luz, os sons. Observe os detalhes ao seu redor. Respire profundamente e absorva tudo. Simplesmente esteja lá.

Você está completamente segura e protegida, imersa no amor de Deus. Você pode me descrever o lugar?

"Estou mergulhando no Havaí, cercada por azuis, verdes e amarelos. Vejo-me na água azul, movendo-me ao ritmo das ondas. A água não está nem fria nem quente, apenas agradável".

Onde está Deus na imagem?

"Na água, à minha esquerda".

Deus está com você. Ele está sempre com você e adora estar com você, Mary Ele está muito consciente do fardo que você carrega. É pesado demais para você e Ele quer ajudá-la. Você nota que Deus está fazendo alguma coisa?

"Não. Na verdade, não noto nada."

Ahh. Este é um momento muito bonito. Deus está aqui simplesmente para estar com você, para amá-la. O que mais você nota?

“Ele está de pé na água. Não estamos muito longe da margem.” “Sim.”

“Estamos nos abraçando. Estamos juntos na margem. Ele está à minha esquerda”.

Para onde Deus está olhando?

“Não sei.”

Tudo bem. Você pode se virar para Deus e simplesmente observar para onde Ele está olhando?

“Ele está olhando para mim.”

Há mais alguma coisa que você note?

“Parece que está sorrindo... acho”.

Tudo bem. Você tem carregado um grande fardo. Como é ele?

“Uma GRANDE pedra”.

Como você se sente?

“É muito, muito pesado... como uma tonelada.”

Como esse peso afetou você?

“Tirou-me muita energia e esgotou-me. Desanimo facilmente”.

Mary, uma tonelada equivale a 1000 kg. É muito pesado para uma única pessoa. Quer pedir a Deus para ajudá-la a entregar esse fardo a Ele?

"Sim".

Você está entregando seu fardo a Deus?

"Sim".

O que Ele faz com o fardo?

"Não vejo nada. (pausa) ... Sei qual deveria ser a resposta...".

Tudo bem. Vamos fazer uma pausa e respirar profundamente: respire lenta e profundamente e deixe seu corpo relaxar. Não há pressão aqui. Não há uma resposta "certa" e não há nada que você "deva" fazer aqui. Você está segura no amor e na paz de Deus.

Você não precisa resolver nada. Apenas descanse e deixe-se guiar com delicadeza. O Espírito Santo é terno e criativo, sempre trabalha com bondade para trazer cura.

Senhor, pedimos agora: por favor, mostre a Mary o que você quer que ela saiba sobre o fardo que ela entregou a você.

"Vejo Jesus com as mãos levantadas e abertas, e o fardo se eleva sobre Ele. A rocha é realmente alta em comparação com Ele. Isso é tudo o que vejo".

A rocha parece enorme e se eleva acima de Jesus?

"Sim".

Certo. Senhor, o que você quer que entendamos?

"Eu sei a resposta. A rocha só é enorme do meu ponto de vista".

Sim, Mary. E sinto a profunda compaixão de Deus por você. Ele compreende realmente o quanto esse fardo é pesado em sua vida cotidiana, especialmente porque seu amor por seus filhos e netos é muito profundo.

Eu me pergunto... há uma parte de você que não tem certeza se Deus é realmente grande o suficiente para carregar isso por você? Você se preocupa silenciosamente que talvez seja demais, mesmo para Deus?

"Sim... suspiro fundo... Acho que sim".

Eu entendo: você é profundamente dedicada à sua família e carrega esse fardo há muito tempo. É lógico que ele seja tão pesado para você.

Vamos pedir a perspectiva Dele. Senhor, como você vê o fardo de Maria?

"Não consigo pensar em nada".

Tudo bem. Ouvir Deus é uma habilidade que se desenvolve com a prática ao longo do tempo. É por isso que os relacionamentos e a comunidade são importantes. Aprendemos e nos curamos melhor com os outros. Foi assim que Deus nos criou. Posso lhe dizer o que vejo?

"Claro!"

Quando pedimos a Deus a Sua perspectiva, a rocha que se erguia sobre Jesus reduziu-se a uma pequena bola azul esverdeada na palma da Sua mão. Ele brincava com ela na palma da mão, fazendo-a rolar e observando os coloridos redemoinhos no seu interior.

"Mas... esse fardo é pesado demais para imaginar Deus brincando com ele!"

Entendo o que você quer dizer. É uma imagem curiosa, não é? Mas o que percebo não é rejeição, mas um santo deleite bondoso. Afinal, a criação começou com alegria. E mesmo agora, a criatividade de Deus é lúdica e tem um propósito. Ele criou você e sua família com amor e se deleita com o intrincado desenho de cada vida.

Ele vê o seu fardo na totalidade e vê além dele. Ele ama seus filhos e os filhos deles ainda mais do que você. E está com eles, aproximando-se ativamente e perseguindo-os com boas intenções.[255]

"Mas... quando meus filhos eram pequenos, eu não sabia nada sobre depressão e gritava com eles. Eu tinha muita raiva. Não consigo deixar de pensar que os magoei e os afastei."

Essa é uma preocupação válida, Mary. Deus está revelando algo importante para você. Parte do fardo que você carrega sobre seus filhos é a culpa e a vergonha. Parece que você se culpa, pensando que algumas das decisões deles se devem ao fato de você gritar com eles e não ter sido uma boa mãe. Você acredita que, de alguma forma, é responsável. Entendi bem?

"Sim. Mark e eu os amávamos e lhes demos muito mais oportunidades do que tivemos quando crianças. Mas... eu gritava muito e cometi muitos erros".

Eu entendo, Mary. Vamos pedir sabedoria a Deus. Deus, você nos mostrará a verdade sobre a culpa e a vergonha que Mary carrega consigo para que ela possa se curar? (Longa pausa)

"Não vejo nada."

Tudo bem, Mary. Uma imagem vem à minha mente.

Vejo você aos pés da cruz, olhando para Jesus enquanto Ele está pendurado ali. Você consegue se imaginar nesse lugar?

"Sim".

Agora, olhe para baixo, ao redor da base da cruz. Observe as gotas de sangue que caíram das feridas de Jesus. Essa é uma prova visível do Seu amor profundo e pessoal por você.

Jesus deu a vida para liberar você do peso da condenação, da culpa por seus erros, especialmente da "culpa materna" que você carrega há tanto tempo.

Você consegue ver as gotas de sangue ali, na parte inferior da cruz?

"Sim".

Maria, esse sangue, o sangue Dele, é a sua fonte de vida. Tem o poder de libertá-la, renová-la e curá-la.[257]

Agora, levante suavemente o olhar. Você consegue ver Jesus na cruz acima de você?

"Sim".

Fique aí por um momento. Este é um lugar sagrado. Agora você tem toda a atenção Dele. Seus olhos amorosos estão fixos em você. Ele sente sua dor por seus filhos. Ele compartilha sua dor e não quer que você carregue esse fardo sozinha nunca mais.

Tire um momento e abra suas mãos em sinal de rendição.

Imagine que suas mãos seguram a culpa, a vergonha, o arrependimento e o peso que você carrega há anos.

Agora, levante tudo para Jesus e observe como Ele recebe tudo o que você liberta. Observe como Ele toma isso para Si mesmo, em Seu corpo.

Observe como seus erros, sua raiva e seus equívocos passados são absorvidos por suas feridas.

Eles não permanecem com você, eles se dissolvem Nele, completamente absorvidos.

Liberte cada fracasso e cada arrependimento. Deixe tudo fluir para Jesus. Observe como tudo desaparece em seu corpo, desaparecendo de sua vista.

Permaneça neste momento pelo tempo que precisar e liberte tudo o que estiver relacionado a esse fardo. Não há pressa. Observe como o peso se alivia à medida que Jesus o tira de você pouco a pouco. Avise-me quando tiver liberado tudo e estiver pronta para continuar.

"Já terminei".

Agora respire profundamente várias vezes e sintonize-se com seu corpo. Observe o que mudou. Os fardos não são mais seus. Você está livre.[258] *Mary, o que você sente?*

"Algo mudou".

Sim. Eu também sinto a mudança. Há mais alguma coisa que você queira deixar na cruz agora?

Acho que não. Isso era o mais importante.

Tudo bem. Vamos pedir sabedoria a Deus. Deus, guie-nos. O que mais você quer que Mary saiba?

"Hum... Vejo uns olhos".

E o que significam esses olhos?

"Ele vê! Ele vê tudo!"[259]

Sim. Isso é verdade. Senhor, o que é importante que Mary compreenda sobre isso?

"Ele me vê. Ele realmente me vê! Ele vê tudo sobre mim. Ele sabe exatamente o que estou passando. Ele sabe tudo o que passei. Ele sabe tudo... tudo!"

Sim, é verdade. Deus te vê. Ele vê o fardo que você entregou a Ele e tem tesouros para você.[260] *Você está disposta a receber um presente em troca da sua culpa?*

"Sim!"

Você se lembra de quando estava com Jesus na areia da praia do Havaí?

"Sim".

Vamos voltar a esse lugar encantador. Respire profundamente várias vezes e deixe-se envolver mais uma vez pela beleza que a rodeia. Observe os tons azuis da água e do céu. Tente sintonizar-se com o calor do sol e a brisa suave em sua pele. Observe os movimentos suaves da água à sua frente. Você está à beira-mar ao lado de Jesus, como antes?

"Sim".

Deus tem um presente para você, um símbolo tangível que substitui a pedra que você lhe deu. Quando estiver pronta, vire-se para ele e me diga o que você vê.

"Não vejo nada".

Não faz mal. A sua honestidade não tem preço. Diga sempre a verdade. Isso dá-lhe liberdade. Deus, que presente tem hoje para Mary? (pausa) Mary, nota alguma coisa?

"Não".

Não faz mal. É por isso que ouvimos Deus juntas. Ele ensina-nos a ouvir e a perceber enquanto praticamos em relação aos outros. Posso partilhar o que vejo?

"Sim!"

Vejo Jesus colocando aquela bola de gude azul e verde na sua mão, a mesma que antes ele estava rolando brincando na palma da mão. Acho que é um lembrete sagrado: Ele vê tudo, tudo relacionado a você, aos seus filhos, aos seus netos. E Ele sustenta cada um de vocês com ternura e firmeza na palma da mão.[261]

Não há nada forte o suficiente para arrancar sua família da mão Dele.[262] *Nada pode separá-lo do Seu Amor Perfeito.*[263]

Neste momento, mesmo enquanto você ouve, Sua bondade persegue silenciosa e fielmente seus filhos a cada hora de cada dia, envolvendo-os de maneiras que talvez você ainda não consiga ver.[264] *Mary, há mais alguma coisa que chame sua atenção?*

"Vejo olhos novamente." Lindo. Deus está ampliando Sua mensagem. As Escrituras dizem: "Os olhos do Senhor percorrem toda a terra para fortalecer aqueles cujos corações estão totalmente comprometidos com Ele".[265]

Deus está fazendo isso neste momento: fortalecendo você com segurança. Ele vê seu coração lindo e fiel. Ele conhece a profundidade de sua devoção. E quer que você se lembre de que foi escolhida pessoalmente por Ele para ser a mãe de seus filhos e a avó dos filhos deles.

Ele confiou-lhe estas vidas não por acaso, mas com um propósito. E por mais que você os ame, Deus os ama ainda mais. O bem-estar deles não está fora do alcance Dele. Não é demasiado complicado nem está demasiado longe. Não é demasiado pesado para Deus.

Na verdade, Ele se deleita em derramar Sua bondade sobre eles. Você pode contar com Ele para estar ao lado deles, repetidas vezes, da maneira que eles mais precisarem.

E Mary, neste momento, Deus está aqui para você. Ele vê cada parte do seu coração, mesmo os lugares que você mantém escondidos. Ele compreende o turbilhão de emoções: a preocupação, a confusão, os anseios. Mesmo quando parece que nada está mudando, que nada se move, Deus está agindo em silêncio e com poder, em você.

Ele ouve suas orações. Todas e cada uma delas. Para Ele, elas se elevam como um perfume doce, mudando a atmosfera, convidando o céu para a terra.

Portanto, continue orando por seus filhos. Mas faça isso agora com o coração mais leve. Você não precisa carregar tudo sozinha. Deus está fazendo o trabalho pesado. E nunca, jamais, Ele vai abandoná-la.

Mary, esse enorme fardo de uma tonelada não é mais seu.[266] *Você o entregou e agora está livre para viver em paz e alegria.*[267]

Você trocou esse peso por algo muito mais leve e bonito. A bola de gude azul esverdeada que Deus segura em sua mão agora é sua.

Reserve um momento para se impregnar do amor de Deus. Peça a Deus que preencha cada parte de você, cada célula do seu corpo.

E deixe que a bola de gude seja seu lembrete: você não está sozinha nessa luta. Você está colaborando com o Deus Todo-Poderoso pelo bem de sua família. Você pode viver livre e levemente, cuidando deles com Deus.

Mary, há mais alguma coisa em sua mente?

"Sim. Quero agradecer a Deus pelo que Ele fez... Senhor, obrigada pela bola de gude e por me mostrar a Sua perspectiva. Obrigada por me ver. Obrigada por ver o meu amor pela minha família. Obrigada por tirar o meu fardo... Não consigo agradecer o suficiente".

Sim, Senhor. Fazemos uma pausa agora para honrá-Lo. Obrigada por ser quem Você é. Seu amor redentor nos deixa maravilhadas. Obrigada por nos dar a graça de ver e ouvir o que Você diz. Obrigada por compartilhar Seus bons dons com Mary.[268] *Obrigada por ajudar Mary a ver Sua realidade de acordo com a Sua realidade última. Imprima a verdade no corpo, na alma e no espírito de Mary, e grave-a profundamente em seu coração.*[269]

Senhor, faça com que o encontro de Mary com Você seja como uma semente plantada profundamente em solo fértil, que crie raízes, cresça forte e dê frutos duradouros nos dias e meses que virão. Continue ajudando Mary a ouvir e escutar a Sua voz. Que os Seus sussurros sejam cada vez mais claros e familiares. Mostre a Mary como ela pode cultivar a sua amizade com Você para que ela floresça e se torne uma fonte de força e grande alegria. Lembre-a frequentemente que Você está com ela, a guia e a ama profundamente. Que a colaboração com Você se torne uma qualidade definidora da vida de Mary.

Agradecemos por este tempo que passamos com Você e o concluímos agora em nome de Jesus, amém.

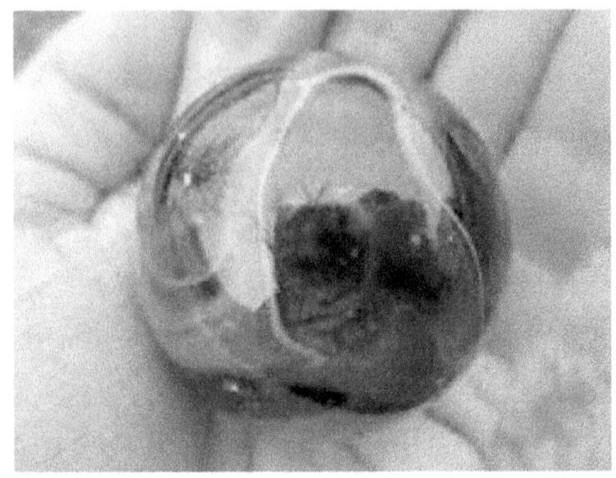

Porque o Reino de Deus não é uma questão do que comemos ou bebemos, mas de viver uma vida de bondade, paz e alegria no Espírito Santo.
Romanos 14:17, NLT

Sento-me sobre um cobertor xadrez em um prado cheio de grama fresca e primaveril. A suave luz do sol acaricia os cabelos que caem sobre meus ombros, e alguns fios fazem cócegas em minha bochecha.

Jesus senta-se ao meu lado. Ele irradia uma luz incandescente, e o amor reverbera no ar ao meu redor. Sua proximidade é um abraço caloroso, e lágrimas rolam pelo meu rosto.

"Olá," sussurro. "Estou muito feliz por você estar aqui. Obrigada por estar comigo. Eu te amo muito!" Não sei o que mais dizer.

Jesus sorri, enrugando os cantos dos olhos. Sua compaixão inunda meu ser. Posso não ter palavras, mas aqui, em Sua presença, nunca me sinto abandonada.

Olho para a pilha de livros que tenho nas mãos. Suas capas atraem com desenhos mágicos, mas o interior parece escuro, plano e cativante, como areias movediças nas quais você afunda.

"Fico triste em lhe mostrar isso. Mas, por outro lado, você já sabe. Decidi que não os quero mais".

Antes de terminar meu pensamento, Jesus estende Sua mão forte para tirar o peso de cima de mim. Os livros desaparecem como névoa em Sua mão e uma pena aparece em Sua palma.

"Um dia, você segurará uma pilha de seus próprios livros", ele sussurra. "As histórias que escreveremos juntos".

Suas palavras me deixam sem fôlego. Mal consigo responder: "Oh, obrigada?". Uma pequena semente de nova vida cria raízes, uma nova confiança assegurada por Sua palavra.

Pego a caneta e começo a escrever uma nova história, uma história criada em colaboração com o Autor da vida.

20

NÃO HÁ LUGAR COMO O LAR

Cada vez que você ouvir com muita atenção a voz que o chama de "Amado",
você descobrirá dentro de si o desejo de ouvir essa voz por mais tempo
e com mais profundidade. É como descobrir um poço no deserto.
Uma vez que você tocou a terra úmida, você quer cavar mais fundo.
Henri Nouwen

Dizem que "o lar é onde está o seu coração", mas o que *eles* sabem?

E se você passou seus primeiros anos em um lugar sem refúgio, cheio de desconexões incômodas, onde o senso de pertencimento e o afeto desmoronaram? E se a essência terna do seu ser e sua promessa passaram despercebidas ou foram tratadas com dureza no lar que você chamava de casa?

Amanda não queria que seu pai fosse embora. Ela não pediu para ser abandonada. E não se comprometeu a criar seus irmãos mais novos desde os seis anos de idade. Ela simplesmente interveio porque todos os outros se retiraram. De maneira sutil e invisível, essas experiências ficaram profundamente gravadas em sua memória.

Avançamos quarenta anos. Amanda havia perdoado os erros de seus pais mais vezes do que podia contar. Aos poucos, quando estava pronta, ela desmantelou as estruturas fantasmas das velhas realidades e cuidou com carinho das feridas ocultas de seu coração.

Um dia, ela mencionou que havia chegado a um impasse. A menina solitária e perdida que ela carregava dentro de si estava oprimida,[270] ansiando por se sentir em casa no amor de Deus. Anos de luta contínua haviam estabelecido as bases para batalhas contra a ansiedade e a confusão sobre seu valor:

> *Desejo desesperadamente conhecer Deus como meu amoroso Pai celestial, mas não consigo chegar lá. Há uma desconexão. Esse anseio me acompanha há décadas. Não sei o que está no meu caminho nem como superá-lo. Amo Jesus de todo o coração. Ele é meu Senhor e meu amigo. O Espírito Santo é meu companheiro, meu ajudante e meu conselheiro diário.*
>
> *Não faz sentido. Posso facilmente honrar a Deus como o Rei dos Reis que governa a partir de seu trono celestial, mas sinto que falta algo. Simplesmente não consigo me conectar com o afeto paternal de Deus. Quero conhecer Deus como meu Pai terno.*[271,272]
>
> *Minha mente acredita que Deus vê tudo sobre mim*[273] *e que me aprecia como sua filha especial,*[274] *mas quero conhecer Deus como meu pai amoroso.*[275]

Desde o início, Amanda definiu o tema que queria explorar comigo. Mas antes de continuar, ela compartilhou um trecho de seu diário sobre um incidente surpreendente que havia ocorrido alguns dias antes:

> *De manhã, decidi mudar minha rota habitual para caminhar. Em vez de nos encontrarmos na escola, enviei uma mensagem de texto para meus amigos: "Vamos começar na casa da Amy e caminhar até a cafeteria". Todos concordaram e partimos.*
>
> *No primeiro cruzamento, paramos para decidir: pegamos o caminho plano e fácil ou o mais íngreme e difícil? Escolhemos a colina, porque queríamos fazer um pouco de exercício antes de tomar café. Depois de subir, compramos nossas bebidas para levar.*
>
> *Como estávamos com café quente, sugeri que pegássemos o caminho mais fácil para voltar. Conversando entre nós, começamos a caminhar em direção à casa da Amy.*
>
> *De repente, Amy gritou: "Ei, esperem, pessoal!".*
>
> *Olhei para cima e a vi: uma menina pequena, de cabelos loiros, com um vestido rosa e uma mochila em forma de borboleta no ombro. Ela não devia ter mais de três anos e caminhava no meio de uma rua movimentada, sem perceber o perigo!*
>
> *Aproximamo-nos rapidamente e guiamo-la para fora da estrada enquanto os carros passavam a toda a velocidade ao nosso lado. Olhamos em volta à procura de algum adulto que a pudesse conhecer.*

Liguei para o 911 enquanto minhas amigas, Jody e Amy, faziam o possível para impedir que a menina enérgica voltasse a correr para a rua. Cada um de nós assumiu um papel diferente, ajudando a acalmá-la, distraí-la e mantê-la segura enquanto esperávamos a polícia chegar.

Quando os policiais se aproximaram, o medo tomou conta do rosto da menina e ela começou a ficar nervosa. Quando um deles a segurou pelo braço para mantê-la quieta, ela entrou em pânico, chorando desconsoladamente e lutando para se soltar.

Instintivamente, eu a levantei e a abracei, tentando acalmá-la. Eu disse gentilmente que éramos amigos e que a ajudaríamos a encontrar sua mãe e seu pai. Prometi que a levaria para casa.

Minha amiga Amy disse aos policiais que tinha certeza de que a menina conseguiria encontrar o caminho de casa se lhe déssemos uma chance. Oferecemos acompanhá-la e protegê-la enquanto ela procurava. Os policiais concordaram e nos seguiram a uma curta distância.

Enquanto caminhávamos, parávamos em cada casa e perguntávamos delicadamente: "Esta é a sua casa?".

Todas as vezes, ela balançava a cabeça e dizia: "Não".

Então chegamos a uma casa com uma pequena bicicleta na entrada. Algo nela chamou sua atenção. Ela se animou, correu para a entrada e tentou abrir a porta lateral da garagem, mas estava trancada.

Incentivamos a menina a tentar a porta da frente. Ela correu até lá, abriu-a facilmente, entrou e fechou a porta atrás de si.

Foi então que os policiais intervieram. Eles bateram na porta, mas não obtiveram resposta. Após uma longa espera, uma mulher chorosa finalmente abriu a porta. Ela explicou aos policiais que estava trabalhando em casa, tentando conciliar o trabalho com o cuidado de seus três filhos pequenos. Ela não tinha percebido, até alguns momentos antes, que sua filha havia fugido silenciosamente.

Enquanto Amy e eu voltávamos para casa, os carros passavam em alta velocidade, cruzando o mesmo local onde a menina estava parada antes. Não conseguia tirar da cabeça a sensação de que seu resgate havia sido orquestrado pela providência divina.

Parecia que nossos planos diários haviam sido silenciosamente reorganizados no momento perfeito para guiar essa menina de volta para casa sã e salva.

Mais tarde naquele dia, em um momento de reflexão tranquila, tive uma nova ideia.

De repente, percebi que a menina loira de olhos azuis era um reflexo de mim mesma quando era pequena. Vi nela minha própria inocência e a impotência que sentia diante de perigos que não conseguia compreender nem controlar. Muitos desses perigos também escapavam à minha compreensão naquele momento.

Enquanto refletia sobre isso, alguns rostos vieram à minha mente: pessoas que Deus havia colocado em minha vida para me guiar e proteger. Ao longo da minha infância, Ele silenciosamente me cercou de pessoas que me ajudavam e me protegiam de perigos muito reais.

Não estou dizendo que o impacto do trauma infantil não tenha sido doloroso. Foi doloroso. Mas, mesmo nessa verdade, também vejo que meus pais nunca tiveram a intenção de me machucar. Eles estavam presos em suas próprias lutas, fazendo o melhor que podiam com compreensão e recursos limitados.

* * *

Quando Amanda acordou naquele dia, ela nunca imaginaria que uma simples mudança inesperada em sua rotina de passeio a levaria exatamente para onde ela precisava estar. Mas... O amor tem uma maneira de nos guiar, mesmo quando não estamos cientes disso.

Agora está tudo bem. A menina está segura, sua mãe está aliviada e os três bons amigos que participaram do encontro estão cheios de uma gratidão tranquila: pelo mistério do momento oportuno, pela misericórdia das interrupções divinas e pela alegria de ajudar a guiar uma menina de volta para casa, onde ela pertence.

A história de Amanda me comoveu. Comecei a me perguntar o que mais Deus poderia estar orquestrando nos bastidores. Poderia haver mistérios ainda por revelar, presentes que ela ainda não havia descoberto? Seu encontro com a menina, juntamente com o impacto persistente de seu próprio trauma infantil, estava de alguma forma relacionado com a solução para o problema que ela havia mencionado?

Sempre me surpreende como os momentos mais significativos da vida costumam ser sutis, tácitos, invisíveis ou ocultos além da nossa consciência.

Às vezes, temos uma sensação de saber silenciosamente, sem poder explicar o porquê.

Os neurocientistas nos dizem que esse tipo de *intuição* geralmente se baseia no que já vivemos, o que vimos, sentimos, aprendemos e experienciamos, e que está armazenado no fundo de nossa memória de longo prazo. Pode não ser sempre claro, mas é real. E, às vezes, pode ser uma forma de Deus nos guiar suavemente para a cura e a compreensão para as quais não sabíamos que estávamos preparados.

Esse tipo de linguagem pode ser novo para você, assim como é para muitas pessoas com quem converso. Então, deixe-me simplificar explicando dois tipos principais de memória:

Memória implícita

Nossas primeiras lembranças, especialmente aquelas anteriores aos três ou quatro anos de idade, são *implícitas*, o que significa que estão armazenadas no corpo e fora da consciência. Nessa idade precoce, o cérebro ainda não desenvolveu a capacidade de armazenar lembranças de forma verbal e narrativa.

As memórias implícitas não podem ser evocadas propositalmente. Elas são não verbais, automáticas e se manifestam na forma de emoções, comportamentos ou sensações. Elas *são* mais *sentidas* do que *lembradas*. Habilidades como andar de bicicleta ou amarrar os sapatos são bons exemplos: *você* simplesmente *sabe* como fazer, mesmo depois de anos sem praticar. Alguns chamam isso de "retenção sem lembrar". Agora observe o seguinte: a memória implícita tende a ser mais forte e duradoura do que a memória explícita.

Memória explícita

A memória explícita envolve informações que você pode lembrar e descrever intencionalmente. Por exemplo, lembrar *quem* lhe ajudou a andar de bicicleta ou *onde* isso aconteceu. Essas memórias são verbais, conscientes e organizadas.

A maioria das memórias se encaixa perfeitamente em uma dessas duas categorias. Mas o trauma é diferente.

As lembranças traumáticas, independentemente da idade, são frequentemente armazenadas *de forma implícita*. Isso ocorre porque, quando um trauma acontece, o cérebro é inundado por hormônios do estresse, como o cortisol. Essa sobrecarga pode desativar a parte do cérebro responsável por processar e armazenar as memórias de forma lógica e verbal. A linguagem muitas vezes se desconecta durante o trauma, deixando essas memórias confusas, vagas ou "silenciosas". Elas não formam uma história clara, mas vivem no corpo como emoção ou tensão.[276]

Quando essas memórias traumáticas implícitas são ativadas mais tarde na vida, elas não são percebidas como algo do passado, mas como algo imediato, intenso e desproporcional em relação ao que realmente está acontecendo. Não há uma conexão óbvia com a ferida original, mas a carga emocional é muito real.

Então, o que tudo isso tem a ver com Amanda e sua luta para sentir o amor paternal de Deus?

Acompanhem-me nessa linha de pensamento.

Quando Amanda compartilhou sua luta para sentir o amor de Deus, comecei a me perguntar se as memórias implícitas, memórias inconscientes armazenadas no corpo desde o abuso infantil, poderiam estar influenciando-a de maneiras que ela não compreendia totalmente. Essas memórias corporais poderiam estar interferindo em sua capacidade de *sentir* o amor do Pai, apesar de ela *acreditar* firmemente que ele era real?

Por mais de quarenta anos, Amanda aceitou que Deus a amava, mas a verdade continuava distante, desconectada de suas emoções e de seu corpo.

Também me perguntei se essas mesmas memórias implícitas haviam moldado sua resposta instintiva ao pânico da menina. Quando o policial agarrou a menina pelo braço, Amanda disse que reagiu *sem pensar*. Ela correu para perto, pegou a menina nos braços e a abraçou para acalmá-la e protegê-la. Foi algo automático, profundamente enraizado nela. Outras pessoas que estavam por perto reagiram de maneira diferente, moldadas por suas próprias histórias e instintos.

Talvez a angústia da menina tenha despertado algo tácito em Amanda que ecoava sua própria dor infantil. Talvez tenha trazido lembranças de ter sido maltratada pelo pai ou da carga opressora de cuidar dos irmãos mais novos com apenas seis anos de idade. Parecia que forças poderosas estavam agindo sob a superfície, moldando sua resposta sem que ela percebesse.

E, no entanto, junto com tudo isso, não pude deixar de sentir uma bondade silenciosa e misteriosa em ação. Era como se um passeio normal, transformado por uma decisão espontânea, tivesse levado Amanda a um momento divinamente orquestrado, não apenas para uma menina assustada de três anos, mas também para uma mulher adulta de cabelos loiros e olhos azuis, ambas desejosas de encontrar o caminho de casa.

Amanda e eu decidimos continuar explorando essas ideias juntas em conversa com Deus.

Os comentários de Amanda estão escritos em letra normal e os meus em itálico.

Amanda começou a respirar lentamente com o abdômen para acalmar seu corpo e melhorar sua concentração.[277] Convidamos o Espírito Santo para nos guiar à verdade. Orei: "Pai, Você ouviu os gritos do coração de Amanda. Você sabe o quanto ela deseja conhecê-lo mais plenamente como seu amoroso Pai celestial. Pela fé, ela acredita que Você é seu *abba,* seu pai. Ela quer sentir o Seu amor como sua própria verdade.[278] Pedimos sabedoria. Você quer abrir nossos olhos e ouvidos, falar conosco e nos mostrar o que é necessário para a cura?"

Esperei em silêncio e então Amanda começou a descrever uma imagem que lhe havia aparecido.

"De uma vista aérea, vejo-me caminhando através de uma tempestade de neve. Avanço através da tempestade, esforçando-me para chegar ao Senhor, tentando encontrar o meu lugar com Ele. É difícil, mas estou decidida a seguir em frente".

E agora?

"A cena mudou. Jesus está ao meu lado, caminhando comigo. Ambos olhamos para frente, na mesma direção."

Preste atenção ao que você vê, ouve, cheira, saboreia e sente. O que você nota?

"Ouço o vento e sinto como a tempestade me empurra com força. Neste momento, não sinto paz nem alegria, mas sim uma grande determinação. Estou decidida a seguir em frente com Jesus. Mesmo no meio da tempestade, sinto-me segura, como se pudéssemos fazer isso juntos".

O que mais você observa?

"Jesus não é alheio à tempestade. Ele não é um espírito que flutua acima de tudo, mas está protegido como eu. Ele está comigo no meio da tempestade, sentindo o mesmo frio, o mesmo vento. Ele está suportando isso comigo".

Há algo que gostaria de perguntar a ele? "Quanto tempo mais? Já estamos quase chegando?" *O que lhe vem à mente?*

"Vejo uma imagem de um lugar quente e ensolarado, como um paraíso, bem à frente. Está perto."

"Então, para esclarecer... a tempestade ficou para trás e você está perto de algo bonito?"

"Sim. É como se eu estivesse vendo uma imagem viva, dividida em duas. De um lado, Jesus e eu estamos envoltos na tempestade, está escuro, como ao entardecer, e nos inclinamos contra o vento. Do outro lado, há um céu azul, luz do sol, areia branca eágua, como um belo local de férias. Estou de pé perto da borda, no meio, entre as duas imagens."

Há algo que a impeça de entrar no lugar ensolarado?

Não sei. Quero fazê-lo, mas hesito. Não sei se está certo. Devo esperar? Ou devo atravessar?

Por que você não pergunta a Deus?

As palavras que me vêm à mente são: "Ainda não". Não é a hora certa.

Ahhh. Muito bem. Você tinha um conhecimento interno que a alertava. Você gostaria de pedir a Deus para ajudá-la a entender o que isso significa?

"Sim... Vejo que ainda estou na tempestade, mas o pior já passou. A tempestade não está mais à minha frente, está atrás de mim. E logo à frente há um lugar de paz. Sinto que estou perto e que uma bela mudança está por vir".

Então, você está chegando ao fim de uma longa luta e o que a espera é seguro e bom?

"Sim".

Gostaria de pedir ao Senhor que confirmasse que você ouviu bem?

"Sim. Vejo-me angustiada, clamando a Deus. Não quero falsas esperanças. Não quero ficar desapontada. Não quero que o lugar maravilhoso que vejo seja como um miragem, algo que parece real, mas que desaparece quando tento alcançá-lo".

Lindo! Isso é sinceridade, Amanda. Deus sempre honra a sinceridade. Então, Senhor, nós olhamos para você. Silenciamos qualquer voz que não seja a sua. Queremos saber o que há de verdadeiro naquele lugar que Amanda vê à sua frente.

"Sinto a certeza de que uma bênção está chegando, que me levará para o outro lado do limiar, algo que me transportará para aquele lugar tranquilo. Não é algo que vou alcançar sozinha. E não é um lugar de férias nem um lugar temporário para descansar, é mais um lugar de residência, como uma nova estação. Uma nova era."

Onde você vê seu Pai Celestial nesse novo lugar?

"Hum... Eu procurei por Ele e, a princípio, não O encontrei. Tentei imaginá-Lo sentado em um trono, como costumo fazer, mas então vi algo diferente: Ele estava na água, brincando, chapinhando e rindo. Ele estava se divertindo."

E onde você está nessa imagem?

"No início, eu estava fora da cena. Depois, Ele me convida para brincar com Ele".

E o que você faz?

"Eu entro direto! Estamos juntos no oceano, apoiados em boias, de mãos dadas, simplesmente conversando. Sinto-me relaxada e segura, como se estivesse no meu lugar. Sou uma adulta, como sou hoje, e tenho uma ótima conversa com Ele. Ele está atento, ouve com atenção e me oferece sabedoria. É o que um bom pai faria com uma filha que ama".

O que mais você sente?

"Sinto-me muito segura. Sinto-me vista e apreciada. Não há mais ninguém por perto e tenho toda a atenção dele. Posso dizer que ele quer estar aqui comigo. Ele não está distraído nem tentando passar para outra pessoa. Ele está feliz por estarmos juntos e quer ficar. Isso significa muito para mim."

Gostaria de pedir a Ele para ajudá-la a receber mais do amor Dele e a confiar mais facilmente?

"Essa pergunta causa uma dor no meu coração".

Você pode nomear essa dor?

"Sim... É medo, medo de ser rejeitada, e vejo uma imagem de chamas vermelhas e laranjas. Acho que elas representam a dor."

O que mais está acontecendo?

"Agora há chamas azuis junto com as vermelhas e laranjas. As chamas azuis são o amor de Deus. As chamas azuis estão consumindo as outras chamas, apagando lentamente o fogo da minha dor. Deus está me mostrando que posso confiar cada vez mais no Seu amor. O processo é lento e constante, e Ele continuará me guiando".

Mais alguma coisa?

"Sim. Sinto que algo está mudando, mas tenho medo de não conseguir dar o passo".

Não há problema, Amanda. O Amor Perfeito está sustentando você neste momento. Ele está proporcionando uma nova sensação de segurança, pertencimento e proteção. Na sua mente, você pode ir comigo até a cruz e imaginar Jesus ali com você?

"Sim".

Observe o corpo Dele, coberto de feridas sangrentas. Esta é a prova do amor ardente de Deus por você. O sangue Dele não apenas limpa você do pecado, mas também cura as feridas causadas pelo pecado, incluindo os pecados dos outros.[279] *Pelas feridas Dele você foi curada.*[280]

Gostaria de oferecer seu medo a Jesus?

"Sim".

Vá em frente, levante seu medo em suas mãos para Jesus. Descreva o que você percebe.

"Meu coração parece uma massa escura e pesada, volumosa e opressiva. Mas quando o levantei para Jesus, Ele se inclinou para mim. Quando abri minhas mãos, Ele gentilmente pegou o peso e o tirou delas".

Lindo. Agora, observe como Jesus absorve essa massa pesada e escura em si mesmo. Observe como ela desaparece, esvaindo-se completamente em seu corpo até se dissipar. Você consegue ver?

"Sim. Está desaparecendo em Jesus. Agora não resta mais nada".

Ótimo. Agora respire profunda e lentamente várias vezes. Inspire o sopro da vida e, ao expirar, libere o medo do seu corpo. Sintonize-se com o que está acontecendo com todos os seus sentidos. Você está deixando ir qualquer medo residual, entregando tudo a Jesus. Observe como a tensão é liberada. Observe como o medo perde o controle e abandona seu corpo como um vapor vazio. Avise-me quando sentir uma mudança.

"Já se foi. Sinto paz".

Agora, reserve um momento e descanse na paz de Deus. Absorva-a. Preste atenção em como seu corpo se sente. Tire uma foto mental de como você está sentindo Deus neste momento e peça a Ele que a ajude a integrar isso em sua memória. Aproveite este tempo desfrutando do amor de Deus...

Amanda, quando entregamos nossos medos a Deus, Ele frequentemente nos oferece um presente em troca, para nos encorajar e nos dar força para os dias que virão. Você quer perguntar a Deus se Ele tem um presente para você, algo que Ele quer lhe dar?

"Hum... Sinto uma resistência surgindo dentro de mim. Não sei por que estou resistindo. Não quero me opor ao que Deus tem para mim, mas uma parte de mim se retrai, hesitante. Não quero criar a falsa expectativa de que

Ele me dará algo que realmente desejo, algo único e com significado especial para mim. Simplesmente não quero me sentir decepcionada."

Eu entendo você, Amanda. Sua luta é completamente válida. Você cresceu em um lar em que o que você precisava e o que realmente recebia eram dois mundos à parte. Essa lacuna é real e moldou você. É claro que você se sente indecisa. Tudo bem levar isso com honestidade a Deus. Ele já sabe disso e a aceita como você é. Você pode ser sincera com Deus sobre o que pensa. Simplesmente diga a verdade.

"Senhor, quero estar aberta para receber tudo o que Você tem para mim, mas não sei se Você quer me dar algo que eu goste. Não quero criar expectativas e depois me sentir decepcionada. Quero conhecê-Lo como meu pai amoroso, e tenho dificuldade em confiar".

Você gostaria de pedir a Deus para ajudá-la a se abrir e receber o que Ele tem para você?

"Sim".

Faça isso e descreva o que acontece.

"Quando clamei, Jesus se moveu atrás de mim para me ajudar a abrir as mãos. Suas mãos envolvem as minhas e minhas mãos estão abertas. Ele colocou algo na minha mão. A imagem é tão clara que não consigo tirá-la da cabeça. Parece um globo de neve. É uma bola de cristal redonda, com uma casa no centro, cercada por purpurina flutuante".

O que esse presente significa para você?

"Significa segurança e proteção".

Sim! Eu também sinto isso. O presente é um lembrete de que a melhor maneira de sentir seu senso de segurança e pertencimento é morando no amor de Deus. A bola de cristal diz: "Amanda, você está em casa! Você está exatamente onde deve estar, abraçada pelo amor infinito do Pai, do Filho e do Espírito Santo".

"Sim! Eu sei! E representa estabilidade e raízes".

É isso mesmo. O tipo de estabilidade que pode levá-la através de qualquer tipo de tempestade.

Amanda, reserve um momento para observar como o amor de Deus se manifestou, como o brilho que gira dentro do seu globo de neve, nas cenas recentes da sua vida. Sua conversa com Deus há pouco reflete maravilhosamente seu encontro com a menina de três anos no início desta semana. Aquele momento não foi casual. Foi como uma janela para o reino espiritual, um sinal visível da graça invisível de Deus.

Quando você a encontrou, seu coração se comoveu instantaneamente. Você fez uma promessa àquela menina, garantindo que a levaria para casa sã e salva.

"Oh, sim! Eu prometi!"

Aquela ternura que você sentiu por ela, seu desejo profundo e instintivo de protegê-la e consolá-la, veio de um lugar sagrado dentro de você. Você a levantou e a abraçou, não apenas para protegê-la do medo, mas para transmitir a ela segurança e amor.

Você consegue se lembrar desse momento? Você consegue sentir novamente como a compaixão invadiu seu corpo?

"Sim, consigo!"

Fique aí por um momento. Deixe-se envolver por esse sentimento. Deixe todo o seu ser ser banhado por esse amor. Essa efusão de compaixão que você sentiu por ela é apenas um vislumbre, uma fração, do afeto avassalador que seu Pai celestial sente por você.

Agora, conecte sua profunda compaixão com o amor perfeito de Deus por você. Sinta Seus braços fortes e ternos ao seu redor e como Sua adoração a aquece por dentro. Você está sendo abraçada. Você é amada. E você está em casa.

À medida que você continua seu dia, continue sintonizando seu coração com a voz do Amor, com Aquele que lava sua dor e suavemente sintoniza seus anseios com Sua graça. Ouça Seu sussurro terno: "Volte logo... e fique um pouco mais".

Não é lindo como o físico e o espiritual muitas vezes se refletem um no outro?

"Uau! Sim! Deus é incrível!"

Reserve um tempo esta semana para ficar em silêncio. Permita-se descansar na consciência de tudo o que você experienciou com Deus. Reflita sobre o que você viu, ouviu e sentiu. Reflita sobre as Escrituras que falam do Seu amor e do verdadeiro lar que Ele lhe oferece.[281]

Fique. Ouça com atenção. Deus tem mais a lhe mostrar. Cada vez que você entrega sua dor e recebe Sua graça, algo em você é renovado: seu coração, sua mente e seu corpo se reconectam com esperança e cura.

Você compartilhará comigo o que descobrir na próxima vez que nos encontrarmos?

* * *

A renovação de Amanda continua, marcada por uma liberdade e uma alegria cada vez maiores. Em vez de repetir as velhas narrativas que antes a levavam a evitar seu Pai celestial, agora ela corre para Ele, tal como é, sem artifícios, autêntica. Ela se esforça menos para se proteger ou para manter os problemas à distância. Em vez disso, ela pratica se aproximar de Deus, encontrando segurança e proteção no lar da presença de Deus.[282]

Então, qual é o papel de Amanda nesse notável crescimento pós-traumático? O que ajuda a alimentar sua renovação no coração, na alma, na mente e no corpo?

A participação por meio da consciência e da prática intencional.

Amanda pratica o *Reinício*, sintonizando-se com compaixão com seu mundo interior. Ela abre espaço para a quietude, aprendendo a liberar o que não lhe serve mais e a receber o que mais precisa no refúgio da presença do Amor. Nesse espaço sagrado, a cura chega, não de repente, mas de forma constante, com restauração e renovação.

Através de suas conversas diárias de amor com Deus, Amanda mantém uma promessa silenciosa: guiar com amor aquela preciosa menina loira de olhos azuis para seu lar. Para seu lar, onde ela está segura e protegida.

Para casa, onde a perda é redimida e todas as coisas são renovadas.

Um convite à ação

1. Olhar para trás pode oferecer uma nova perspectiva e informar sobre o quanto você já avançou. Volte ao início de suas anotações no diário e observe especificamente onde você estava quando começou. Que diferenças você vê em si mesmo entre então e agora? Faça uma lista em seu diário

das mudanças evidentes de crescimento (as conquistas incrementais) que você experimentou.

2. Revise seus escritos e identifique as práticas/ferramentas que o capacitaram a compreender melhor e liberar sua dor. Anote como cada prática o ajudou.

3. Resuma como você pretende usar essas práticas no futuro.

Uma cena se desenrola na oração, revelando quem eu realmente sou.

Os pais reúnem seus filhos e se dirigem com entusiasmo ao parque para ver Jesus. As crianças da minha turma estão cheias de emoção. Sua expectativa enche o ar. No entanto, uma criança pequena fica timidamente à margem, relutante e ansiosa. Meu coração dói por ela. Quero encorajá-la a se aproximar, a compartilhar esta ocasião sagrada.

Caminhamos em fila indiana por um caminho de cascalho. Cada passo me mergulha mais na incerteza que reflete as dúvidas da criança reticente. Ao nos aproximarmos de uma encosta coberta de grama, paro e meu pulso acelera. Estendo um cobertor, coloco as coisas das crianças e vejo Jesus sentado no topo da encosta suave, cercado de alegria. As crianças sobem nele. Ouvem-se risadas enquanto brincam e puxam sua barba. Sua inocência pinta um quadro de puro deleite. Jesus responde com uma risada alegre, um som que parece familiar, algo que eu ansiava, mas que nunca havia realmente experimentado com Deus.

Os pais se aproximam, entrando em uma conversa descontraída com Jesus. Seus sorrisos são espontâneos, sua presença bem-vinda. Eu fico à margem, mergulhada em uma sombra de dúvida, ansiando por pertencer a esse grupo, mas com medo de dar um passo à frente. A incerteza grita: "Não seja tola! A esperança só leva à humilhação. Abra os olhos! Não há lugar para você perto Dele...".

Tenho estado assim por muito tempo. Posso guiar as crianças até Jesus, mas parece que não consigo levar a mim mesma. "Vamos, crianças, depressa!", exorto-as, mas seus anseios envolvem-me como um abraço caloroso.

"Sra. Jackson, venha conosco!", grita uma criança. Seu apelo toca meu coração. "Não, não, tudo bem. Corram agora. Hoje é um dia especial para vocês. Eu ficarei aqui".

“Mas, Sra. Jackson, queremos que você venha também!”. Seus olhos brilham com sinceridade, transpassando minha determinação.

“Não! Eu só atrapalharia. Agora vão, aproveitem!”, insisto.

“Não vamos sem você, Sra. Jackson!” O menino, relutante, agarra minha mão com feroz determinação, apertando-a com força com seus pequenos dedos, recusando-se a soltá-la.

A ansiedade ameaça me dominar. Não me preocupa que nos rejeite. Tenho medo de ser ignorada, de ser invisível, de não merecer nenhuma atenção. Não sei como reunir a fé necessária.

Nesse momento, surge um pensamento, frágil, mas poderoso: e se eu der apenas um pequeno passo? Talvez assim eu encontre forças para seguir em frente. Não quero que meu filho tímido perca isso.

Com uma resolução trêmula, avanço lentamente contra minhas dúvidas. Em um instante, me vejo envolvida no colo de Jesus, com a cabeça apoiada em seu peito. Os batimentos do seu coração ressoam em mim com um ritmo que se repete dentro e fora. Estou envolvida em um casulo de amor pulsante, um santuário que nunca sonhei que sentiria. O mundo desaparece enquanto os pássaros batem as asas ao ritmo do Seu pulso. As folhas dançam ao compasso. A grama balança de um lado para o outro. Tudo se funde em uma sinfonia de amor. Quero ficar aqui para sempre, abraçada pelo Seu carinho.

De repente, ouço passos no caminho. Mais crianças estão chegando. Devo trazê-las aqui. A este amor como nenhum outro. Elas devem conhecer a verdade, especialmente as reticentes que permanecem nas sombras, com medo de esperar.

CONVERSAS DE AMOR *Susan J.*

21

REDIMIR A PERDA

Aprende-se com a prática. Pratique repetidamente diante de todos os obstáculos, algum ato de visão, de fé, de desejo. A prática é um meio para convidar a perfeição desejada. Você é único, e se isso não se concretizar, então algo se perdeu.[283]

Martha Graham, mãe da dança contemporânea

Você se lembra de quem você era quando pegou este livro pela primeira vez? Se você pensar por um momento, aposto que uma resposta virá à sua mente.

Talvez você se sentisse sufocado pela dor, esperando que alguém lhe jogasse uma boia de salvação após uma morte, um divórcio ou um diagnóstico que mudou tudo. Talvez você estivesse lidando com a rejeição, afastado de alguém que amava, preso na confusão e na dor que o isolamento traz. Talvez você simplesmente se sentisse... sozinho. Uma amizade que acabou, um emprego que desapareceu, alguém importante seguiu em frente ou um animal de estimação querido faleceu, e de repente você ficou para trás, desorientado, tentando encontrar sentido em tudo.

Se você tem idade suficiente para contar seus anos com dois dígitos, é provável que já tenha passado por muitas perdas. Quando terminar de ler este livro, espero que compreenda melhor por que sente e reage da maneira que reage, e como pensa sobre os episódios dolorosos que mudaram sua vida.

A perda cria um terreno desconhecido e difícil, muito mais complicado do que a maioria de nós espera. É complicado, mais pesado e mais desgastante do que a maioria de nós imagina. A esta altura, espero que você tenha percebido algo importante: sua dor é tão única quanto sua impressão digital, sua dor é real, sua confusão é válida e você não está quebrado nem louco.

Também rezo para que, em algum momento do caminho, a esperança tenha voltado a aparecer. Que você tenha começado a acreditar, mesmo que um pouco, que você, sim, você, *pode* sair da angústia mais forte e mais resistente do que antes.

Mas tenha isso em mente: a cura não acontece por si só. Os bons resultados não chegam simplesmente porque os esperamos. A verdadeira transformação requer esforço, intenção e o apoio de companheiros sábios e constantes. É uma jornada, e uma que vale a pena cada passo.

Como todos compartilhamos a mesma experiência humana, ligados pelos mesmos ritmos da vida, da perda e do amor, vale a pena repetir: *a cura e os relacionamentos andam de mãos dadas.* Eles trabalham juntos, lado a lado, em uma parceria poderosa e criativa.

Nós nos curamos melhor em conexão com Deus e com pessoas seguras que nos amam. Não fomos feitos para viver sozinhos. Ninguém prospera no isolamento.

Como passo final, convido você a fazer algo pequeno, mas significativo. Pegue uma caneta, escreva isto, cole no seu espelho e deixe que penetre:

A maneira como escolho refletir e contar minha história afeta minha saúde e meus relacionamentos.

É tão simples e tão importante assim.

Amigo, uma mente sem renovação causa danos por dentro e por fora. Quando nossas histórias permanecem sem serem examinadas, a dor muitas vezes se infiltra de maneiras prejudiciais. Se não for resolvida, ela pode se infiltrar fora de nós e entrar na vida de nossos entes queridos, até mesmo nas gerações futuras.

Mas aqui está a boa notícia: você vale a pena. E seus entes queridos também.

Talvez seja por isso que o Espírito Santo moveu Jeremias, o profeta chorão, a escrever estas palavras:

"Ouçam, mulheres, as palavras do Senhor; abram seus ouvidos para o que Ele tem a dizer. Ensinem suas filhas a chorar; ensinem umas às outras a lamentar".

Ensinem umas às outras a lamentar-se. Há poder nessas palavras.

A melhor maneira de ensinar qualquer coisa é dando o exemplo, vivendo sua mensagem em voz alta. Use palavras para nomear o que está acontecendo dentro de você. Deixe suas emoções serem vistas e expressas. Deixe as lágrimas fluírem. Sentir é curar.

Pratique. Viva. Seja intencional. Faça isso pela sua própria liberdade e pela liberdade de seus entes queridos. Faça isso pelas crianças que ainda não chegaram, mas que um dia herdarão a atmosfera que você ajuda a criar.

O melhor presente que você pode dar à sua família é a sua transformação pessoal.[284]

E a jornada começa com dizer a verdade, com delicadeza, honestidade e amor.

O cenário está pronto para você avançar no caminho da cura, onde as perdas são redimidas. Lembro-me de uma conversa com Ashley, uma jovem mãe que perdeu sua filha de sete anos, Emily, em um acidente de carro. Nunca esquecerei como Deus se aproximou com ternura do desespero mais profundo de Ashley e abriu um caminho onde não havia nenhum. Sozinha em casa, sem ninguém para ajudá-la, Deus se manifestou.

Ashley disse: "Havia momentos em que eu andava pela casa e ouvia Emily me chamando do quarto dela, do corredor ou da cozinha, dizendo: "Mãe! Estou aqui!". Eu sentia que estava enlouquecendo! Depois de semanas assim, caí de joelhos chorando histericamente e gritei: "Deus, não aguento mais. Não consigo viver assim! Emily não tinha que morrer antes de mim!".[285]

Uma voz suave me interrompeu. *Ashley, me dê sua dor e eu a redimirei.* Eu não sabia o que isso significava, mas soava melhor do que ficar presa no tormento.

Meus pensamentos estavam confusos. Eu não conseguia me concentrar em nada por mais do que alguns minutos. Comecei a escrever cartas para Deus para me ajudar a me concentrar e manter o foco. Desesperada, desabafava no papel pela manhã, à noite e sempre que tinha dez minutos sozinha.[286]

Minha dor era confusa. Parecia diferente de um dia para o outro, mudando de intensidade entre a manhã, a tarde e a noite. A raiva, a tristeza, o medo, a culpa, a desesperança, a vergonha, a ira, o ressentimento, a autopiedade, a inveja, o ódio e os pensamentos suicidas afloravam e vinham à tona. Contar tudo a Deus me ajudou a liberar a dor.[287]

Comecei vendo as ondas de dor como um convite de Deus para uma cura interior mais profunda. É difícil colocar em palavras, mas me sinto diferente depois de escrever a Deus. Sinto-me mais leve e consigo respirar melhor. É como a sensação de frescor e limpeza após um longo banho quente.

Às vezes sinto Deus perto de mim e outras vezes não. Mas tudo bem. Acredito que Deus está comigo, mesmo na confusão mental. Meu objetivo é continuar com o processo até me recuperar completamente. Então continuo me agarrando a Deus, escrevendo cartas, liberando minha dor e recebendo o que Ele me dá.[288, 289]

Hoje, Ashley está livre do tormento mental e está progredindo bem em sua recuperação. A cura é gradual e constante. As Conversas de Amor, sua ferramenta favorita, são estrategicamente terapêuticas. Ashley se apresenta todas as manhãs com um coração honesto, aberto e disposto. Abraçada por braços eternos, ela se sente empoderada, sustentada e cuidadosamente guiada para novas perspectivas.

A tenacidade de Ashley em persistir no cuidado das feridas de seu coração me lembra um conselho útil que aprendi com minha amiga Jenny Donnelly. Usando a palavra *REST* como acróstico, Jenny destaca uma forma de encontrar alívio e paz:[290]

R - Release (Libere)

E - Every (todas)

S - Single (as)

T - Thing (coisas)

Usando o mesmo acróstico, gosto de combinar o conselho de Jenny com outra prática que promove a renovação do coração, da alma, da mente e do corpo. Juntas, vejo-as como as duas faces da mesma moeda. A outra face é a seguinte:

R - Receive (Receba)

E - Every (Todo)

S - Secret (Segredo)[291]

T - Treasure (Tesouro)[292]

Quando você entra no lugar secreto e *descansa* na segurança do amor de Deus, você honra a Deus e sua perda. Ao ouvir com compaixão o seu coração com o Espírito Santo, você encontra palavras e desenvolve uma linguagem para comunicar a dor com honestidade emocional.

Como pessoa sincera, você expressa o que acredita, pensa e sente sobre sua perda, sobre Deus, sobre si mesmo e sobre os outros. E você se permite liberar a dor insuportável nas mãos ternas de Deus.

Esvaziado e rendido ao Amor, pouco a pouco você libera suavemente os diferentes fragmentos da sua dor. Você escuta, observa e espera que seu Amigo redentor o presenteie com uma perspectiva mais alta e um tesouro atemporal.[293] Muito mais está acontecendo *dentro de você* do que o olhar nu pode perceber.

Após uma de nossas perdas traumáticas, descobri um lento desmantelamento interno de como eu me definia e dos meus sonhos ligados ao futuro. Eu não tinha nenhuma garantia de que os anseios do meu coração fossem realizados algum dia.

Lembro-me das palavras da minha mentora, a Dra. Pamela Reeve, que se reunia comigo uma vez por mês durante muitos anos até falecer, com a mente tão perspicaz como sempre, aos noventa e cinco anos. No conforto de sua sala de estar, ela servia chá quente enquanto eu lhe contava os problemas do meu coração. Uma tarde, quando as sombras se tornaram especialmente escuras, contei-lhe algo sobre o processo de desmantelamento que sentia que estava ocorrendo dentro de mim. Ela conhecia bem a minha história.

Colocando delicadamente sua xícara e pires de porcelana sobre a mesa, ela pareceu olhar diretamente nos meus olhos. Era o mesmo olhar que minha avó me lançava, com a sobrancelha levantada, que dizia: *"Querida, quero que preste muita atenção"*. Inclinando a cabeça, ela afirmou com a maior confiança: "Pam, Deus nunca permite que um recipiente se quebre, a menos que tenha a intenção de reconstruí-lo em algo de maior valor e capacidade".

Naquele instante, eu compreendi. Ela estava me desafiando a acreditar que o Espírito Santo estava agindo no mais profundo do meu ser, além do meu insignificante discernimento. Ela estava me encorajando a descansar no amor incondicional de Deus e em seu poder para me transformar por dentro, de maneiras que ultrapassavam minha compreensão limitada.[294]

Nunca esqueci essas palavras. E agora, décadas depois, elas soam mais verdadeiras do que quando as ouvi pela primeira vez.

Se você e eu déssemos juntos um passo além do tempo, puxássemos uma cortina imaginária e víssemos a sua vida de hoje a partir da eternidade, talvez enxergássemos um pequeno ponto numa linha sem fim. Vamos supor que esse ponto represente todos os capítulos da sua história, do começo ao fim. Alguns trechos detalham as suas perdas.

A visão a partir desse ponto de referência mais elevado permite enxergar tudo com maior clareza. Com plena consciência de todas as complexidades e minúcias que compõem a sua história, a intenção de Deus sempre foi, e sempre será, substituir as suas cinzas pela beleza d'Ele e trazer vida a partir da morte.[295]

Nas mãos da graça, nada é imposto a você contra a sua vontade. Deus o convida a participar *com* Ele na redenção da perda, primeiro a sua própria e depois a serviço dos outros.

Associar-se a Deus através da dor é uma experiência transformadora, semelhante a uma dança a dois ou uma valsa. Deus o guia e você o segue. O tempo, o ritmo e os movimentos são coreografados de forma única para você, criados para orquestrar cuidadosamente o caminho *através da* sua dor. Seu Criador personaliza sua dança para conectar, reparar, liberar, reviver e desafiar a tendência de se esconder no isolamento.

À medida que você dança, mudanças espirituais e mentais começam a se manifestar em você. Movendo-se em sincronia, de mãos dadas com o Amor, você se fortalece para enxergar com novos olhos. Velhas preocupações vão desaparecendo aos poucos. O discernimento intuitivo se amplia, permitindo perceber as sutilezas da bondade de Deus no cotidiano e no mundano. A gratidão cresce e a alegria surge de forma leve, refletindo nos seus passos. Seus relacionamentos evoluem, amadurecem e ganham um novo significado.

Os valiosos tesouros descobertos pela dança capacitam você a florescer novamente.

- O tesouro de um *recomeço para permanecer e ouvir*. Você reserva um tempo para ficar em silêncio, para prestar atenção ao seu coração e para dar voz aos seus sentimentos. Você se volta para a sua dor com compaixão, em vez de negá-la, bloqueá-la ou fugir dela. Os gatilhos e as necessidades subjacentes são agora um convite para se conectar consigo mesmo, com Deus e com amigos seguros que podem conhecê-lo melhor do que você mesmo. Sendo honesto, aberto e disposto, você se compromete com a verdade e o amor.

- O tesouro *das conversas de amor.* Uma voz interior lhe diz: *"Esta dor é maior do que eu! Sou incapaz de reparar a devastação ou de encontrar minha própria saída para a tristeza cegante".*

Na segurança do lugar secreto, o Espírito Santo o empurra suavemente para fora do passado e do futuro, para trazê-lo de volta ao momento presente. Você fala sobre as coisas e as resolve com Aquele que mais o ama e o chama de amigo.

A dor legítima não é mais um adversário que você despreza, combate ou exclui. É uma porta de oportunidade para aprender, crescer e construir uma intimidade com Deus, que vive *em* você e espera ansiosamente que você se reconecte com Ele. O terreno da perda é um lugar para extrair ouro à luz da lua, descobrir joias inestimáveis na sabedoria eterna e caminhar com segurança, de braço dado com um guardião e guia, em direção à plenitude abundante.

- O tesouro de *compartilhar sua história.* Você convida Deus e amigos de confiança para sua história ao compartilhar elementos de sua dor. Você se arrisca a ser vulnerável quando é seguro, deixando para trás a tendência de fingir *que está bem* quando não está. Você para de negar, fingir, evitar e esconder, para desfrutar dos benefícios de viver na luz: mais energia, melhor saúde, liberdade emocional e relacionamentos mais profundos e satisfatórios.

- O tesouro da *vida eterna*. O significado é descoberto ao ver sua vida neste mundo como um milésimo de segundo em comparação com os anos infinitos da eternidade. Entre agora e o momento em que você partir daqui, você está se preparando para as realidades da vida eterna.

  Meu mentor costumava dizer: "Deus está usando todos os acontecimentos, dos menores aos maiores, dos mais felizes aos mais horríveis, para prepará-la para o seu lugar no novo céu e na nova terra". Esse mistério me deixa perplexa. Obviamente, minha tentativa de comunicar a ideia não chega nem perto de transmitir o poder e brilho dessa cena futura, quando seu antigo eu se transformar sem falhas em seu novo eu, enquanto o Amor o leva para o outro lado do limiar para viver feliz para sempre.

Agora, talvez você se pergunte: você pode me explicar isso? Como será isso?

Devo responder com honestidade: não faço a menor ideia. Mas se você gosta de aventura, pode procurar pistas nas Escrituras, ler os livros do meu amigo Randy Alcorn[296] e deixar o Espírito Santo dar asas à sua imaginação.

Após uma perda, você pode se tornar mais consciente dos *opostos* que coexistem na vida. A experiência tende a dar um novo significado às paradoxos que vemos ao nosso redor.

A vida neste mundo é agridoce. A alegria e a tristeza são inseparáveis. O mistério vive na certeza.

O alívio vem quando ficamos quietos. Reduzimos nosso ritmo para acelerar nossa recuperação. Esvaziamos-nos para nos encher novamente, liberando o velho para receber o novo. Primeiro vem a morte, depois a ressurreição. É a mensagem da cruz.

É também a forma de restaurar e redimir a perda.

O que quero dizer é que *este não é o fim da sua história.* Seus melhores capítulos de prosperidade e plenitude estão por vir. *No* fundo *do seu ser*, estão ocorrendo renovações criativas que você ainda não percebeu nem manifestou. É importante que *você* cuide bem de *si* mesmo e confie na bondade e no tempo de Deus nesse processo.

Associar-se a Deus para curar seu coração prepara estrategicamente o cenário para um futuro mais brilhante. Espere que o processo seja lento e mutável. Espere passar de se sentir melhor para exausto, irritado e exigente em um piscar de olhos. Isso é inerente ao processo. Não deixe que isso o desanime.

As mudanças de humor irão diminuindo, suavizando-se e tornando-se menos frequentes, até que finalmente se equilibrem. Quando você não conseguir ver um futuro melhor para si mesmo, deixe que outros carreguem sua esperança e a imaginem por você.

Ao longo dos anos, vivi uma dor profunda e intensa, mas também experimentei o prazer alegre das coisas simples da vida.

Desprezei os momentos em que me sentia vulnerável e impotente; prefiro me sentir forte, capaz e no controle. Mas estou aprendendo, mais lentamente do que gostaria, que o controle é realmente uma ilusão.

A conclusão? *Nem tudo depende de nós para que nossas vidas deem certo.* Mesmo o estranho, o imprevisto e aquelas coisas que chamamos de trágicas podem se entrelaçar harmoniosamente e dar origem à beleza e à bondade nas mãos amorosas de Deus.

É verdade. Realizei funerais privados para comemorar algumas das minhas perdas pessoais...

a morte dos planos para minha vida e certos sonhos que tinha para meus entes queridos

a morte de alguns cargos profissionais a morte da escrita criativa durante anos

a morte de áreas de influência que antes eu apreciava

a morte de relacionamentos e apoios valiosos, devido à falta de tempo, energia e proximidade

É evidente que passei por momentos em que minha alma se sentia morta.

Mas, ao mesmo tempo, posso dizer com toda sinceridade que nunca me senti tão viva. Uma nova vida está brotando das cinzas encharcadas da antiga. Sinto uma maior capacidade e uma nova vitalidade quando estou com minha família e amigos ou quando tenho uma tarefa a realizar. Surgiram novos dons, antes desconhecidos, que mostram provas contínuas de milagres reparadores.

Sinto-me mais confortável comigo mesma e com os outros.

A fé, o amor e a aceitação criaram raízes mais profundas na minha alma. Tenho mais confiança na bondade de Deus e em que *estou onde devo estar* neste momento da minha vida. Descanso sabendo que, se Deus quiser que eu esteja em um lugar diferente, Ele tocará a música, me convidará para dançar a valsa e me levará para lá na hora certa. Por isso, me agarro a isso:

Deus é um gênio redentor que o tirará de qualquer abismo e o levará a uma vida cheia de significado e propósito.[297]

Não posso prometer que a dança será rápida, fácil, sem esforço ou sem riscos. Você é complexo e valioso demais para falsas garantias.

Posso prometer-lhe uma dança suave que flui com mistério, movimentos cheios de graça, elevações e levantamentos poderosos, e giros e recepções hipnóticos que reavivam a paixão e o espanto infantil. Estas são as formas sagradas do Espírito que vive dentro de você, ansioso por amá-lo de volta à vida livre e plena.[298]

Isso não significa que você não se sinta triste de vez em quando, ou que esqueça. Significa que você escolhe viver na luz e amar de maneiras que honram a Deus e suas perdas, porque sua preciosa vida importa. Somente *você* pode compartilhar sua verdade e cumprir os propósitos desenhados pelo Amor para o seu bem e o bem dos outros.

Alegria na tristeza. Força na fraqueza. Vida na morte.

Milagres reparadores. A glória do céu fluindo para vasos de barro quebrados, feridos e desgastados.[299]

É a assinatura de Deus em sua vida. Então, o que será?

Como você responderá quando o Amor se aproximar e sussurrar: *Vamos dançar?*

ESTE NÃO É O FIM DA SUA HISTÓRIA

Você pegou este livro por uma razão. E o mesmo Deus que a encontrou nestas páginas já está esperando por você do outro lado do que está por vir.

Mais recursos, mais esperança e mais da Sua presença estão esperando por você em MendingMiracles.com/more

NOTA FINAL

Prólogo

1. Hannah Donnelly é uma talentosa cantora e compositora e filha da minha boa amiga Jenny Donnelly. Tive o privilégio de viajar e conversar com a equipe do Jenny"s Her Voice por todos os Estados Unidos.

2. Amy Grant foi a primeira artista cristã contemporânea a ganhar um disco de platina, a primeira a alcançar o primeiro lugar nas paradas pop e a primeira a se apresentar no GRAMMY® Awards. Sua carreira abrange mais de 40 anos e se estende desde suas raízes no gospel até se tornar uma cantora, compositora, personalidade da televisão e filantropa icônica.

3. Jó 33:14-15, NLT.

4. Cindy McGill é uma agente de resgate criativa e influente em nível mundial, cuja vida e histórias de divulgação nunca deixam de me surpreender com Deus. Veja seu excelente livro, Words that Work: *A Language of Light for a World Living in Darkness (Palavras que funcionam: uma linguagem de luz para um mundo que vive na escuridão).*

5. I Coríntios 16:9, NLT. "Há uma porta aberta para uma grande obra aqui, embora muitos se oponham a mim."

6. Apocalipse 3:20, NLT. "Veja! Estou à porta e bato. Se você ouvir minha voz e abrir a porta, entrarei e compartilharemos uma refeição juntos como amigos".

7. Colossenses 4:3, GW. "Orem para que Deus nos dê a oportunidade de falar a palavra, a fim de que possamos contar o mistério de Cristo".

8. Ef 5:1,2, NLT. Sejam imitadores de Deus em tudo o que fazem, pois assim representarão seu Pai como seus filhos e filhas amados. E continuem caminhando rendidos ao amor extravagante de Cristo, pois ele entregou sua vida como sacrifício por nós. Seu grande amor por nós agradou a Deus, como um aroma de adoração, uma fragrância doce e curativa. *A palavra grega imitar (*mimetes)* frequentemente descreve um ator que interpreta um papel. Devemos imitar Deus, ver como ele vê, pensar como ele pensa, amar como ele ama e agir como ele age (5:1). A palavra aramaica para "fragrância" também pode ser traduzida como "bálsamo curativo". Fragrância: uma combinação de compostos orgânicos que produzem um aroma distintamente doce e agradável. Uma fragrância preenche os sentidos e muda a atmosfera, ativando partes do cérebro que influenciam a memória, o humor e as emoções.

9. João 16:13, NVI. Mas quando ele, o Espírito da verdade, vier, ele os guiará a toda a verdade. Ele não falará por conta própria, mas dirá apenas o que ouvir e lhes anunciará o que está por vir.

10. Gênesis 1:26, NLT. No princípio, Yahweh, o Deus de Israel, disse: "Façamos o ser humano à nossa imagem e semelhança" (Gênesis 1:26). O uso do pronome plural aqui revela a natureza de Deus como comunidade. O Pai, o Filho e o Espírito Santo se relacionam entre si em perfeita harmonia e unidade. É por meio de nosso relacionamento interativo com Deus (dar e receber) e dentro da comunidade que experimentamos a transformação e a renovação da mente. A paz e a cura ocorrem melhor no contexto de relacionamentos saudáveis (com Deus e com os outros).

11. Senhor me lembrou dessas palavras específicas que Clyde Lewis me disse durante um tempo de oração profética com Jenny Donnelly.

12. Andy Crouch, *Strong and Weak: Embracing a Life of Love, Risk and True Flourishing* (Downers Grove, IL: InterVarsity Press, 2016), 40, 42. Andy é sócio de teologia e cultura na Praxis, uma organização que funciona como motor criativo para o empreendedorismo redentor. Seu trabalho e seus escritos foram publicados no *The New York Times, The Wall Street Journal e Time.*

Capítulo 1

13. João 15:1-2, AMP

14. Veja este recurso completo do Dr. Bessel Van der Kolk, especialista mundial em traumas. *O corpo leva a conta: cérebro, mente e corpo na cura do trauma* (Nova York: Penguin Random House, 2015).

15. Benjamin P. Chapman et al., "Supressão de emoções e risco de mortalidade durante um acompanhamento de 12 anos",

Journal of Psychosomatic Research 75, n.º 4 (2013): 381-85. https://doi.org/10.1016/ j.jpsychores.2013.07.014.

16. J. Holt-Lunstad, T.B. Smith e J.B. Layton, "Social Relationships and Mortality Risk: A Meta-analytic Review" (Relações sociais e risco de mortalidade: uma revisão meta-analítica), *PLoS Med* 7, n.º 7 (2010): e1000316. https://doi.org/10.1371/ journal.pmed.1000316. Uma análise de 148 estudos de pesquisa com mais de 308.000 participantes examinou como os relacionamentos afetam a saúde e a mortalidade. Os resultados mostraram que não ter laços significativos com a família e os amigos pode ser tão prejudicial ao bem-estar de uma pessoa quanto fatores de risco bem estabelecidos, como tabagismo, alcoolismo, sedentarismo e obesidade.

17. John Mark Comer, *Garden City: Work, Rest, and the Art of Being Human* (Nashville, TN: Thomas Nelson, 2017). Este livro é uma leitura obrigatória de um brilhante jovem líder intelectual que expõe uma visão bíblica da "vocação" como o valor de fazer o que Deus nos criou para nós, usando as paixões e habilidades que nos deu, para causar um impacto único em seu mundo. John Mark Comer é autor de vários livros best-sellers do New York Times que oferecem um modelo prático e inovador e ferramentas para a transformação espiritual gratuitamente em practicingtheway.org. Descubra um tesouro aqui!

18. Andy Crouch, *Strong and Weak: Embracing a Life of Love, Risk, and True Flourishing*, Intervarsity Press, pp. 10-11.

Capítulo 2

19. M. C. Eisma et al., "Processos de evitação mediam a relação entre ruminação e sintomas de *luto complicado"*, *Journal of Abnormal Psychology* 122, n.º 4 (2013): 961-970.

20. James W. Pennebaker, *Abrir-se: o poder curativo de expressar as emoções* (Nova Iorque: Guilford Press, 1997), 2, 56.

21. Ibid., p. 56.

22. A tomografia cerebral SPECT é um tipo de exame de imagem que utiliza medicina nuclear e uma câmera especial para criar imagens em 3D do fluxo sanguíneo e da atividade cerebral.

23. Stephen Lepore e M. A. Greenberg, "Mending broken hearts" (Curando corações partidos), *Psychology and Health* 17 (2002): 547-60.

24. J. M. Smyth e M. A. Greenberg, "Scriptotherapy: the effects of writing about traumatic events" (Scriptoterapia: os efeitos de escrever sobre eventos traumáticos), em *Empirical Studies in Psychoanalytic Theories (*Estudos empíricos sobre *teorias psicanalíticas)*, vol. 9, eds. J. Maslig e P. Duberstien (Washington, DC: American Psychological Association, 2000), 121J.

25. J. W. Pennebaker, J. K. Kiecolt-Glaser e R. Glaser, "Divulgação de traumas e função imunológica. Implicações para a saúde na psicoterapia", *Journal of Consulting and Clinical Psychology*, 56 (1988), pp. 239-245.

26. Lepore, Stephen J. A escrita expressiva modera a relação entre pensamentos intrusivos e sintomas depressivos. *Revista de Personalidade e Psicologia Social* 73, n.º 5 (1997): 1030-37.

27. P. Ullrich e S. Lutgendorf, "Escrever um diário sobre eventos estressantes: efeitos do processamento cognitivo e da expressão emocional", *Annals of Behavioral Medicine,* 24(3) (fevereiro de 2002), pp. 244-250.

28. Pennebaker, James W., Colder, Michelle e Sharp, Lisa K. *Acelerando o processo de enfrentamento. Revista de Personalidade e Psicologia Social,* vol. 58(3), março de 1990, 528-537.

29. Drake Baer, "A escrita expressiva é uma maneira muito fácil de ser muito mais feliz", Business Insider (23 de maio de 2014). Obtido em www.businessinsider.com/the-positive-effects-of-journaling-and-expressive-writing-2014-5.

30. I Reis 19:11-13, NLT.

31. Maud Purcell, "Os benefícios para a saúde de manter um diário", www.PsychCentral.com (30 de outubro de 2015).

Capítulo 3

32. Isaías 42:3, NASB. A tradução da The Message diz o seguinte: Ele não abandonará os feridos e os que sofrem, nem ignorará os pequenos e insignificantes, mas corrigirá as coisas de maneira constante e firme. Ele não se cansará nem desistirá. Ele não parará até terminar seu trabalho: corrigir as coisas na terra.

33. Rachel Yehuda, médica, professora de psiquiatria e neurociência e diretora de estudos sobre estresse traumático na Faculdade de Medicina Icahn de Mount Sinai, é pioneira na compreensão de como os efeitos do estresse e do trauma podem ser transmitidos biologicamente, além dos acontecimentos, para a próxima geração.

34. Dr. Bessel van der Kolk é um renomado especialista no tratamento do trauma e em como ele afeta o cérebro, o corpo e o sistema nervoso.

35. 2 Coríntios 3:18, AMP. E todos nós, com o rosto descoberto, contemplando *continuamente* como num espelho a glória do Senhor, somos transformados *progressivamente* à sua imagem, de glória em glória, que provém do Senhor, que é o Espírito.

36. Maud Purcell, "The Health Benefits of Journaling" (Os benefícios para a saúde de manter um diário), www.PsychCentral.com (30 de outubro de 2015).

37. P. A. Boelen, J. De Keijser, M. A. Van Den Hout e J. Van Den Bout, "Tratamento do luto complicado: uma comparação entre a terapia cognitivo-comportamental e o aconselhamento de apoio", *Journal of Consulting and Clinical Psychology*, 75, (2007) pp. 277-284. doi: www.dx.doi.org/10.1037/0022-006X.75.2.277

38. N. M. Simon, "Tratamento do luto complicado". *JAMA: Revista da Associação Médica Americana.* 310 (2013): 416-423. https://doi.org/10.1001/jama.2013.8614.

39. Salmo 23:6, NLT.

40. John Mark Comer, *Praticando o caminho: estar com Jesus, ser como ele, fazer o que ele fez.* (Waterbrook, 2024), p. 107.

41. Crouch, Andy. A vida que buscamos: *Recuperando relacionamentos em um mundo tecnológico.* 2022. Convergent, uma divisão da Penguin Random House. Nas páginas 33-35, Andy Crouch desvenda a sabedoria duradoura do antigo Shemá judaico, ampliado por Jesus, e nos oferece um resumo conciso do que significa ser plenamente humano. Cada pessoa é um complexo de coração, alma, mente e força projetado para amar. Você não é uma mente sem coração, nem um cérebro sem corpo, nem um corpo sem alma. Você é tudo isso junto, e é esse complexo de qualidades que faz de você a pessoa única que você é.

42. Contribuição de Sarah Rodríguez, 13 anos, enquanto se recuperava após a perda do pai.

43. Contribuição de Karen Bressel enquanto colaborava com Deus para vencer o câncer.

44. Neimeyer, R. A., Burke, L. A., Mackay, M. M. e Van Dyke Stinger, J. G. (2010). Terapia do luto e reconstrução do significado: dos princípios à prática. *Revista de Psicoterapia Contemporânea,* 40(2), 73-83.

45. Y. A. Iliya, "Musicoterapia como terapia do luto para adultos com doenças mentais e luto complicado: um estudo piloto", *Death Studies* 39, n.º 3 (2015): 173-184, https://doi.org/10.1080/07481187.2014. 946623.

46. S. Porter, T. McConnell, M. Clarke, et al., "Uma avaliação realista crítica de uma intervenção de musicoterapia em

cuidados paliativos", *BMC Palliative Care* 16 (2017): 70, https://doi.org/10.1186/s12904-017-025.

47. Tricia Fox Ransom, The Gathering (álbum), 2021, https://www.triciafoxmusic.com/the-gathering-album. Ver também: Tricia Fox Ransom, *Message in the Music: Do Lyrics Impact Well-Being?* A tese final de Tricia, 2021, foi baixada mais de 100.000 vezes. Como cantora e compositora e líder intelectual em matéria de letras musicais e bem-estar, Tricia facilita sessões de composição de canções que promovem a autoestima e a catarse.

48. H. L. Stuckey e J. Nobel, "The Connection Between Art, Healing, and Public Health: A Review of Current Literature" (A conexão entre arte, cura e saúde pública: uma revisão da literatura atual), *American Journal of Public Health* 100, n.º 2 (2010): 254-263.

Capítulo 4

49. Academias Nacionais de Ciências, Engenharia e Medicina. *Isolamento social e solidão em idosos: oportunidades para o sistema de saúde* (Washington, DC: The National Academies Press, 2020), https://doi.org/10.17226/25663.

50. Gênesis 2:18, TLB. Deus disse: "Não é bom que o homem esteja sozinho; farei para ele uma companheira, uma ajudante adequada às suas necessidades".

51. "Isolamento social e solidão em idosos", *American Journal of Epidemiology* 188, n.º 1 (janeiro de 2019): 102-109, https://doi.org/10.1093/aje/kwy231.

52. Academias Nacionais de Ciências, Engenharia e Medicina. 2020. *Isolamento social e solidão em idosos: oportunidades para o sistema de saúde.* Washington, DC: The National Academies Press. https://doi.org/10.17226/25663.

53. Tish Harrison Warren, *Oração à noite: para aqueles que trabalham, velam ou choram* (IL: InterVarsity Press, 2021), 19.

54. Salmo 34:18, NLT. O Senhor está perto dos quebrantados de coração; resgata os abatidos de espírito.

55. 1 Pedro 1:17, NLT. E lembrem-se de que o Pai celestial a quem vocês oram não tem favoritos.

56. 2 Coríntios 12:9-10, AMP. Ele me disse: "A minha graça te basta [Meu amor e Minha misericórdia são mais do que suficientes, sempre disponíveis, independentemente da situação]; porque [Meu] poder se aperfeiçoa [e se completa e se manifesta da maneira mais eficaz] na [tua] fraqueza". Portanto, me gloriarei ainda mais nas minhas fraquezas, para que o poder de Cristo [possa me envolver completamente e] habite em mim. 10 Assim, me alegro nas fraquezas, nos insultos, nas angústias, nas perseguições e dificuldades, por amor a Cristo; porque quando sou fraco [em força humana], então sou forte [verdadeiramente capaz, verdadeiramente poderoso, verdadeiramente alimentado pela força de Deus].

57. Dallas Willard, A *conspiração divina: redescobrindo nossa vida oculta em Deus* (São Francisco: Harper, 1998); e *O espírito das disciplinas: compreendendo como Deus transforma vidas* (São Francisco: Harper, 1988). Para uma visão mais completa do que significa a vida com Jesus no reino de Deus, consulte

esses clássicos de Dallas Willard. Dallas foi um brilhante líder intelectual em sintonia com o coração de Deus e um professor popular que lecionou na Universidade do Sul da Califórnia por quase 50 anos.

58. Mateus 11:28-30, MSG. Isaías 55:3, NLT: "Venham a mim com os ouvidos bem abertos. Ouçam e encontrarão a vida".

59. Agradeço a Clyde Lewis, treinador profissional e capelão da Polícia de Portland, Oregon, por me encorajar a fazer essas perguntas, especialmente quando meu mundo interior está confuso e difícil de entender.

60. Agradeço a Richard Rhorer por levantar esse desafio durante seu discurso de abertura na Conferência Mundial da Associação Americana de Conselheiros Cristãos, realizada em Nashville, Tennessee. É uma reflexão profunda que nunca esqueci.

61. Sofonias 3:17, TLB. Porque o Senhor, seu Deus, veio para viver entre vocês. Ele é um Salvador poderoso. Ele lhe dará a vitória. Ele se alegrará sobre você com grande alegria; ele o amará e não o acusará. É um coro alegre que ouço? Não, é o próprio Senhor que se alegra sobre você com um canto feliz. "Reuni os seus feridos e tirei a sua afronta". Mateus 28:20, NLT. E tenham certeza disso: eu estou com vocês todos os dias, até o fim do mundo.

62. Salmo 34:18, NLT. O Senhor está perto dos quebrantados de coração; resgata os abatidos de espírito.

63. João 15:15, MSB. Jesus disse: "Não me comunico com vocês como um senhor com seus escravos; os escravos não têm ideia do que seu senhor está prestes a fazer. Falo com

vocês como amigos, contando-lhes tudo o que ouvi em minha conversa e meu relacionamento íntimo com meu Pai. Explico isso nos termos mais claros possíveis".

Capítulo 5

64. Gênesis 1:2, ESV. A terra estava desordenada e vazia, e as trevas cobriam a superfície do abismo. E o Espírito de Deus movia-se sobre a superfície das águas.

65. Gênesis 2:7, ESV

66. Jó 33:4, ESV.

67. Yilmaz Balban, M., Cafaro, E., Saue-Fletcher, L., Washington, M. J., Bijanzadeh, M., Lee, A. M., Chang, E. F. e Huberman, A. D. "Respostas humanas a ameaças evocadas visualmente". *Current Biology* 31 (2021): 601-612.e3. https://doi.org/10.1016/j.cub.2020.11.035.

68. "Lutar, fugir ou paralisar" é uma reação fisiológica automática que ocorre em resposta a uma ameaça ou perigo percebido e é frequentemente mencionada na literatura sobre traumas e psicologia. *Lutar* é a forma que o corpo tem de enfrentar uma ameaça de forma agressiva, por exemplo, lutando fisicamente ou dizendo "não" verbalmente. *Fugir* é a forma que o corpo tem de se afastar do perigo, por exemplo, correndo, escondendo-se ou recuando. *A imobilização* é a forma como o corpo fica imóvel e incapaz de agir contra uma ameaça, por exemplo, ficando tenso, quieto e em silêncio.

69. Perl, O., Ravia, A., Rubinson, M., Eisen, A., Soroka, T., Mor, N., Secundo, L. e Sobel, N. "Human Non-Olfactory Cognition sincronizada com a inalação". *Nature Human Behaviour* 3 (2019): 501-512. https://doi.org/10.1038/s41562-019-0556-z.

70. Herbert Benson, *The Relaxation Response* (Nova Iorque: William Morrow & Co., 1975). Para aprofundar a ciência, consulte a investigação do Dr. Herbert Benson aqui. Nos laboratórios da Faculdade de Medicina de Harvard, o Dr. Benson e seus colegas descobriram essa técnica terapêutica revitalizante, que agora é recomendada regularmente para tratar pacientes que sofrem de estresse e ansiedade, incluindo doenças cardíacas, hipertensão arterial, dor crônica, insônia e muitas outras doenças físicas e psicológicas. O Dr. Benson, um renomado cardiologista, introduziu essa abordagem para aliviar o estresse há mais de quarenta anos.

71. Ma, Xiao, Yue Zi-Qi, Gong Zhu-Qing, Zhang Hong, Duan Nai-Yue, Shi Yu-Tong, Wei Gao-Xia e Li You-Fa. "O efeito da respiração diafragmática na atenção, no afeto negativo e no estresse em adultos saudáveis". *Frontiers in Psychology* 8 (2017). https://doi.org/10.3389/fpsyg.2017.00874.

72. Chen, Y.-F., Huang, X.-Y., Chien, C.-H. e Cheng, J.-F. "A eficácia do treinamento em relaxamento por meio da respiração diafragmática para reduzir a ansiedade". *Perspectives in Psychiatric Care* 53 (2017): 329-336. https://doi.org/10.1111/ppc.12184.

73. Stephen Porges. "A teoria polivagal: novas perspectivas sobre as reações adaptativas do sistema nervoso autônomo". *Cleveland Clinic Journal of Medicine* 76, Suplemento 2 (abril de 2009).

74. Salmo 46:10, NLT. Fique quieto e reconheça que eu sou Deus!

75. Caroline Sevoz-Couche e Sylvian Laborde. "Variabilidade da frequência cardíaca e respiração lenta: quando a coerência se une à ressonância". *Neuroscience & Biobehavioral Reviews* 135 (2022). https://doi.org/10.1016/j.neubiorev.2022.104576.

76. Respiração em caixa: inspire contando até quatro, prenda a respiração por quatro segundos, expire contando até quatro e prenda a respiração por quatro segundos. Fácil de usar a qualquer hora e em qualquer lugar.

77. Respiração tática: inspire contando até quatro, faça uma breve pausa e expire contando até oito. Repita várias vezes.

78. Suspiros cíclicos: inspire profundamente pelo nariz, depois inspire novamente brevemente antes de expirar longa e profundamente pela boca; repita durante 5 minutos.

79. Melis Yilmaz Balban et al. "Práticas de respiração estruturadas breves melhoram o humor e reduzem a excitação fisiológica". *Cell Reports Medicine* (17 de janeiro de 2023).

80. Para conhecer outras práticas de respiração baseadas na ciência, visite https://pamvredevelt.com/breathwork

81. Christina Zelano et al. "A respiração nasal sincroniza as oscilações límbicas humanas e modula a função cognitiva". *Journal of Neuroscience* 36, n.º 49 (7 de dezembro de 2016): 12448-12467. https://doi.org/10.1523/JNEUROSCI.2586-16.2016.

82. Hong Y. G., Kim H. K., Son Y. D. e Kang C. K. "Identificação de padrões respiratórios através da análise de sinais EEG com aprendizagem automática". *Brain Sciences* 11, n.º 3 (26 de fevereiro de 2021).

83. Carol Williams, "Como respirar para melhorar a memória e o sono", *New Scientist*, 8 de janeiro de 2020.

84. James Nestor, *Breath: The New Science of a Lost Art* (Nova York: Riverhead Books, 2020). Para uma revisão abrangente da história e da ciência sobre por que e como a respiração determina nossa capacidade vital, consulte este livro de James Nestor.

85. Jeremias 6:16, NVI. Isto é o que diz o Senhor: "Pára na encruzilhada e olha; pergunta pelos caminhos antigos, pergunta onde está o bom caminho, e segue por ele, e encontrarás descanso para a tua alma".

86. I Tessalonicenses 5:17, ESV

87. Veja Lucas 18:10-14 e Marcos 10:46-52.

88. Veja Salmos 118:1. Inspire com "Dêem graças ao Senhor" e expire com "Seu amor dura para sempre".

89. Rev. John Breck, "Da oração de Jesus à oração do coração", Boletim *da Igreja Ortodoxa na América*, 11 de maio de 2010. https://www.oca.org/reflections/fr.-john-breck/from-the-prayer-of-jesus-to-prayer-of-the-heart. O padre Breck foi professor de Novo Testamento e Ética no Seminário de São Vladimir e professor de Interpretação Bíblica e Ética no Instituto Teológico de São Sérgio, em Paris, França. Junto com sua esposa, Lyn, ele é

diretor do Centro de Retiros São Silouan, na ilha de Wadmalaw, Carolina do Sul.

Capítulo 6

90. John Mark Comer, *Practicing the Way: Be with Jesus, Become Like Him, Do as He Did* (Colorado Springs, CO: Waterbrook, 2024), 103. Para assistir a vídeos complementares gratuitos e excelentes materiais de treinamento, consulte https://www.practicingtheway.org.

91. João 8:32, NLT

Capítulo 7

92. João 9:1-3, MSG.

93. Jeremias 29:11-13, NLT.

94. Efésios 2:10, NLT. Porque somos a obra-prima de Deus. Ele nos criou de novo em Cristo Jesus, para que pudéssemos fazer as coisas boas que Ele planejou para nós há muito tempo.

Capítulo 8

95. Salmo 31:15, NVI. Meus tempos estão em suas mãos.

96. Filipenses 4:11-13, MSG. A esta altura, *aprendi* a estar bastante contente, sejam quais forem as minhas circunstâncias. Sou tão feliz com pouco quanto com muito, com muito quanto com pouco. Encontrei a receita para ser feliz, esteja eu saciado ou

faminto, com as mãos cheias ou vazias. Seja o que for que eu tenha, esteja onde estiver, posso superar qualquer coisa naquele que me faz ser quem sou.

Capítulo 9

97. Kristin Neff, "Dicas para praticar a autocompaixão", consultado em junho de 2024, https://self-compassion.org/tips-for-practice/.

98. Rick Hanson, *Hardwiring Happiness: The New Brain Science of Contentment, Calm, and Confidence* (Nova York: Harmony Books, 2013). O Dr. Hanson é neuropsicólogo. Neste livro, ele descreve o processo pelo qual o cérebro pode se remodelar (neuroplasticidade positiva) e destaca a ideia de que aquilo em que você presta atenção e em que sua mente repousa é o que mais influencia a configuração do seu cérebro. Isso se correlaciona com a sabedoria atemporal que nos diz para fixarmos nossa mente em Deus. Isaías 26:3, ESV. Tu manténs em perfeita paz aquele cujo pensamento persevera em ti, porque ele confia em ti.

99. Pete Scazzero, "Conheça a si mesmo para conhecer a Deus", parte 2, *Curso de espiritualidade emocionalmente saudável* (2015), 2. https://www.emotionallyhealthy.org/wp-content/uploads/2015/10/Session-2-Know-Yourself-Know-God.pdf

100. Matthew Tull e Nathan Kimbrel, "Emotion in Posttraumatic Stress Disorder: Etiology, Assessment, Neurobiology, and tratamento", em Christine Braehler e Kristin Neff, *Self-Compassion in PTSD* (Países Baixos: Elsevier, 2020), 567-591.

101. Salmo 34:18, ESV. O Senhor está perto dos quebrantados de coração e salva os abatidos de espírito.

102. 2 Coríntios 12:10, J.B. PHILLIPS. A resposta do Senhor tem sido: "A minha graça te basta, porque onde há fraqueza, o meu poder se mostra mais plenamente". Portanto, decidi alegremente ter orgulho das minhas fraquezas, porque elas significam uma experiência mais profunda do poder de Cristo. Posso até mesmo desfrutar das fraquezas, dos sofrimentos, das privações, das perseguições e das dificuldades por amor a Cristo. Porque a minha própria fraqueza me torna forte nele.

103. Salmo 145:19, TLB. Ele satisfaz os desejos daqueles que o reverenciam e confiam nele; ouve seus gritos de socorro e os resgata.

104. Êxodo 34:6, NVI.

105. W. Tozer, *O conhecimento do santo* (Nova York: HarperCollins, 1961), 91.

106. Lucas 7:11-17, NLT.

107. Atos 10:38, NLT.

108. Lucas 4:18, NLT.

109. A palavra *compaixão* é usada sete vezes nos Evangelhos em referência às emoções de Jesus, em comparação com tristeza, ira e gratidão, que são mencionadas quatro vezes, amor, que é mencionado três vezes, e alegria, que é usado duas vezes.

110. João 11:32-34, AMP. Quando Maria chegou ao lugar onde Jesus estava e o viu, prostrou-se aos seus pés e disse-lhe: "Senhor, se estivesses aqui, meu irmão não teria morrido". Quando Jesus viu como ela chorava, e também choravam os judeus que tinham

vindo com ela, ficou *profundamente comovido* em seu espírito, a ponto de se irritar com a dor causada pela morte e se perturbar, e disse: "Onde o colocaram?" Responderam-lhe: "Senhor, venha e veja". (O termo *"profundamente comovido"* sugere uma indignação emocional ou severidade. Jesus estava irritado com a dor causada pela morte. Ele aparece mais quatro vezes no Novo Testamento em referência às palavras ou sentimentos de Jesus. Veja Mateus 9:30; Marcos 1:43; João 11:38; 13:21).

111. Efésios 3:16, 17, NLT. Oro para que, a partir de seus recursos gloriosos e ilimitados, ele os fortaleça com poder interior por meio de seu Espírito. Então Cristo fará sua morada em seus corações enquanto vocês confiam nele. Suas raízes crescerão no amor de Deus e os manterão fortes. E que vocês tenham o poder de compreender, como todo o povo de Deus deve compreender, quão largo, quão longo, quão alto e quão profundo é o seu amor.

112. Teresa de Ávila, *O Castelo Interior*, 1:2.8, em *Obras completas*, vol. 2, trad. Kieran Kavanaugh e Otillo Rodríguez (Washington, DC: ICS Publications, 1980), 291.

113. John O"Donohue, "The Presence of Compassion", entrevista realizada por Mary Nurrie-Stearns, *Personal Transformation*, consultado em fevereiro de 2024, https://www.personaltransformation.com/johnodonohue.html. John O"Donohue foi um poeta, autor e padre irlandês. No centro das crenças despertas de John estava a premissa de que a sabedoria antiga poderia oferecer o alimento tão necessário para a fome espiritual que se experimenta em nosso mundo moderno.

114. I João 3:18-24, The MSG. Meus queridos filhos, não nos limitemos a falar de amor; pratiquemos o amor verdadeiro. Essa

é a única maneira de saber que estamos vivendo de verdade, vivendo na realidade de Deus. É também a maneira de acabar com a autocrítica debilitante, mesmo quando há alguma verdade nela. Porque Deus é maior do que nossos corações preocupados e sabe mais sobre nós mesmos do que nós mesmos. E, amigos, uma vez que isso é resolvido e não mais nos acusamos nem nos condenamos, somos corajosos e livres diante de Deus! Podemos estender nossas mãos e receber o que pedimos porque estamos fazendo o que Ele disse, fazendo o que Lhe agrada. Mais uma vez, este é o mandamento de Deus: acreditar em seu Filho, Jesus Cristo, a quem Ele mesmo nomeou. Ele nos disse para amarmos uns aos outros, de acordo com o mandamento original. Ao guardar seus mandamentos, vivemos profunda e verdadeiramente Nele, e Ele vive em nós. E é assim que experimentamos sua presença profunda e permanente em nós: pelo Espírito que Ele nos deu.

115. Elaine Beaumont, Adam Galpin e Peter Jenkins, "Ser mais gentil comigo mesmo: um estudo comparativo prospectivo que explora as medidas dos resultados da terapia pós-traumática", *Counselling Psychology Review* 27, n.º 1 (2012).

116. Nef, Kristin (2003) *Autocompaixão: uma conceituação alternativa de uma atitude saudável para com si mesmo*, Psychology Press, Self and Identity, 2: 85-101.

117. Angus MacBeth e Andrew Gumley, "Explorando a compaixão: uma meta-análise da associação entre autocompaixão e psicopatologia", *Clinical Psychology Review* 32, n.º 6 (2012): 545-552.

118. M. Khursheed e M. G. Shahnawaz, "Trauma e crescimento pós-traumático: espiritualidade e autocompaixão como mediadores entre pais que perderam filhos pequenos em um conflito prolongado", *Journal of Religion and Health* 59 (2020): 2623-2637.

119. Agostinho, *Confissões*. Agostinho acreditava que o conhecimento de Deus e o conhecimento de si mesmo estão profundamente interligados. Ele estava convencido de que o verdadeiro autoconhecimento é um passo essencial para se aproximar de Deus e que se aproximar de Deus permite um maior autoconhecimento.

120. Kristin Neff, "Autocompaixão: uma conceituação alternativa de uma atitude saudável para com si mesmo", *Self and Identity* 2, n.º 2 (2003): 85-101.

121. Isaías 42:16, AMP. Guiarei os cegos por um caminho que eles não conhecem; conduzi-os por veredas que eles não conhecem. Transformarei as trevas em luz diante deles e os lugares escarpados em planícies. Farei essas coisas [por eles] e não os abandonarei *nem* os deixarei sem ajuda.

122. Colossenses 3:13, NVI. Suportem-se uns aos outros e perdoem se alguém tiver queixa contra outro (*isso inclui a si mesmo*). Perdoem como o Senhor os perdoou.

123. Provérbios 4:23, NLT. Guarde o seu coração acima de tudo, porque dele depende o curso da sua vida.

124. Provérbios 3:5-8, MSG. Confie em Deus do fundo do seu coração; não tente entender tudo sozinho. Ouça a voz de Deus

em tudo o que você fizer, onde quer que você vá; é Ele quem o manterá no caminho certo. Não pense que você sabe tudo. Corra para Deus! Fuja do mal! Seu corpo resplandecerá de saúde; seus ossos vibrarão de vida!

125. 2 Coríntios 3:17-18, ESV. Ora, o Senhor é o Espírito, e onde está o Espírito do Senhor, aí há liberdade. E todos nós, com o rosto descoberto, refletindo a glória do Senhor, estamos sendo transformados à sua imagem, de glória em glória. Porque isso vem do Senhor, que é o Espírito.

126. 1 Coríntios 1:8-9, NLT. Ele o manterá forte até o fim para que você seja livre de toda culpa... Deus fará isso, porque é fiel ao que diz e o convidou para ser parceiro de seu Filho, Jesus Cristo, nosso Senhor.

127. Efésios 3:20, NLT. Agora, toda a glória seja dada a Deus, que é capaz, por meio de seu grande poder que opera em nós, de fazer infinitamente mais do que poderíamos pedir ou pensar.

Capítulo 10

128. Salmo 91:11-12, TLB. Pois ele ordena aos seus anjos que te protejam onde quer que você vá. Eles te sustentarão com as mãos para que você não tropece nas pedras do caminho.

Capítulo 11

129. Anos mais tarde, descobri detalhes que catalisaram uma nova sensação de admiração relacionada a essa parte da nossa história. Conexões que eu não havia percebido antes, ligadas ao momento

específico dos nossos encontros, de repente se destacaram como peças de um quebra-cabeça divino. Era como se Deus estivesse entrelaçando suavemente fios dourados de significado através de momentos que eu não compreendia totalmente. Olhando para trás, agora vejo suas pegadas com mais clareza, e isso aprofundou meu senso de confiança. Aqui estão listadas as ideias de duas passagens das Escrituras e dos ensinamentos rabínicos sobre o significado simbólico dos números.

Mateus 14:24-25, NLT. "Enquanto isso, os discípulos estavam em apuros longe da terra, porque um vento forte havia se levantado e eles lutavam contra as ondas fortes. Por volta *das três da manhã*, Jesus se aproximou deles caminhando sobre as águas".

Mateus 27:45-46, NLT. "Ao meio-dia, a escuridão cobriu toda a terra até *as três da tarde. Por volta das três*, Jesus gritou em alta voz: "Eli, Eli, lema sabachthani?", que significa: "Meu Deus, meu Deus, por que me abandonaste?".

Nos ensinamentos rabínicos, o número três simboliza plenitude, integridade, ressurreição e harmonia na Bíblia. Ele também representa a Santíssima Trindade e é frequentemente associado à a importância divina. O número três é repetido mais de 450 vezes nas Escrituras e é usado na Torá para mediar entre dois valores opostos ou contraditórios. O terceiro valor medeia, reconcilia e sintetiza os dois em uma união perfeita. O três é o número da verdade e da conexão. *https://www.betemunah.org/ three.html

130. Col. 2:2-3, GNT. Faço isso para que vocês se encham de valor e se unam no amor, e assim tenham a plena riqueza da segurança que traz o verdadeiro entendimento. Dessa forma, vocês conhecerão

o segredo de Deus, que é o próprio Cristo. Ele é a chave que abre todos os tesouros ocultos da sabedoria e do conhecimento de Deus.

131. I Coríntios 12:4-7, MSG. Os diversos dons de Deus são distribuídos por toda parte, mas todos eles têm sua origem no Espírito de Deus. Os diversos ministérios de Deus são realizados em todos os lugares, mas todos eles têm sua origem no Espírito de Deus. As diversas expressões do poder de Deus estão em ação em todos os lugares, mas o próprio Deus está por trás de tudo isso. A cada pessoa é dada uma tarefa que mostra quem é Deus: todos participam disso, todos se beneficiam.

132. Diane Russell, pintura a óleo encomendada pelo autor, baseada na visão de Jessie sobre Natã e Jesus. Adaptada a pedido para representar um ambiente natural. Diane Russell é uma retratista premiada que mora em Portland, Oregon. Seu trabalho pode ser visto em https://www.dianerussell.net ou entrando em contato com diane@dianerussell.net.

Capítulo 12

133. Deuteronômio 2:7, NASB

134. Salmo 56:8, MSG

135. Salmo 56:11-13, MSG

136. Lucas 15:11-32, MSG

Capítulo 13

137. I Coríntios 2:9-10, NLT. É isso que as Escrituras querem dizer quando afirmam: "Nenhum olho viu, nenhum ouvido ouviu e nenhuma mente imaginou o que Deus preparou para aqueles que O amam". Mas foi a nós que Deus revelou essas coisas por meio do seu Espírito. Porque o seu Espírito sonda todas as coisas e nos mostra os segredos profundos de Deus. Quando lhes dizemos essas coisas, não usamos palavras que vêm da sabedoria humana. Em vez disso, falamos palavras que o Espírito nos dá, usando as palavras do Espírito para explicar verdades espirituais.

138. João 14:22-23, AMP. Senhor, como é que te revelarás [te tornarás real] a nós e não ao mundo? Jesus respondeu: Se alguém me ama [de verdade], guardará a minha palavra [obedecerá ao meu ensinamento]; e meu Pai o amará, e nós viremos a ele e faremos nossa morada (lar, lugar de residência especial) com ele.

139. Isaías 58:9, 11, AMP. Então você chamará, e o Senhor lhe responderá; você clamará por ajuda, e Ele dirá: "Aqui estou"... E o Senhor o guiará continuamente, e satisfará sua alma em lugares áridos *e* secos, e dará força aos seus ossos; e você será como um jardim regado, e como uma fonte de água cujas águas não falham.

140. 1 João 2:20, AMP. Mas vocês têm a unção do Santo [foram separados, especialmente dotados e preparados pelo Espírito Santo], e todos vocês conhecem [a verdade porque Ele nos ensina, ilumina nossas mentes e nos protege do erro].

141. Mateus 6:22, AMP. O olho é a lâmpada do corpo; portanto, se o seu olho for claro [espiritualmente perspicaz], todo o seu corpo estará cheio de luz [beneficiando-se dos preceitos de Deus].

142. Gálatas 5:22-23, MSG. Mas o que acontece quando vivemos de acordo com os caminhos de Deus? Ele traz dons para nossas vidas, da mesma forma que os frutos aparecem em um pomar: coisas como afeto pelos outros, exuberância pela vida, serenidade. Desenvolvemos a vontade de perseverar nas coisas, um senso de compaixão no coração e a convicção de que uma santidade básica impregna as coisas e as pessoas. Encontramo-nos envolvidos em compromissos leais, sem necessidade de forçar nosso caminho na vida, capazes de organizar e dirigir nossas energias com sabedoria.

143. Apocalipse 3:20, TLB. Vejam! Eu estive à porta e bato constantemente. Se alguém ouvir a minha voz e abrir a porta, entrarei e cearei com ele, e ele comigo.

144. Filipenses 4:6,7, AMP. Não se inquietem nem se preocupem com nada, mas em tudo [em cada circunstância e situação], por meio da oração e súplica com ação de graças, continuem a apresentar suas petições [específicas] a Deus. 7 E a paz de Deus [aquela paz que tranquiliza o coração, aquela paz] que excede todo o entendimento, [aquela paz que] guarda os seus corações e mentes em Cristo Jesus [é sua].

Capítulo 14

145. 1 Samuel 16:13, NLT. Enquanto Davi estava ali entre seus irmãos, Samuel pegou o frasco de azeite de oliva que havia trazido e ungiu Davi com o azeite. E o Espírito do Senhor veio com poder sobre Davi daquele dia em diante.

146. 1 Samuel 13:14, AMP. O Senhor buscou para si um homem (Davi) segundo o seu coração, e o Senhor o designou como líder

e governante do seu povo, porque você não guardou (obedeceu) o que o Senhor lhe ordenou. Atos 1:22, NLT. Mas Deus removeu Saul e o substituiu por Davi, um homem de quem Deus disse: "Encontrei Davi, filho de Jessé, um homem segundo o meu coração. Ele fará tudo o que eu quero que ele faça".

147. Victor H. Matthews e Dan Pioske, "David", *Oxford Bibliographies*, última modificação em 26 de maio de 2023, https://doi.org/10.1093/OBO/9780195393361-0027.

148. Salmo 42:6, VOICE. Meu Deus, minha alma está tão traumatizada; a única ajuda é lembrar-me de Ti onde quer que eu esteja.

149. Salmo 56:8, TLB. Tu viste como me reviro na cama durante a noite. Tu recolheste todas as minhas lágrimas e as guardaste no teu frasco! Tu registraste todas elas no teu livro.

150. Salmo 27:4, AMP Classic

151. Salmo 27:8, NLT

152. Para ter uma ideia clara de como as conversas de Davi com Deus afetaram suas decisões e resultados, leia 1 Samuel 23, 2 Samuel 5:19-25 e 2 Samuel 30:8-18. Observe as perguntas que Davi faz a Deus e como Deus respondeu especificamente a ele.

153. Jamie Winship, *Living Fearlessly: Exchanging the Lies of the World for the Liberating Truths of God* (Grand Rapids, MI: Revell, 2022), 79–81. Para obter mais informações sobre o excepcional trabalho de treinamento e consultoria de Jamie e Donna Winship, visite https://www.identityexchange.com. Esses estimados líderes

intelectuais mundiais inspiram pessoas e equipes a desenvolverem uma criatividade e resiliência mais profundas, tudo isso dentro da estrutura empoderadora da verdadeira identidade.

154. Veja a história no início de 1 Samuel 23, NLT.

155. I Sam. 27:1, NLT. Mas *Davi continuava pensando consigo mesmo*: “Um dia Saul vai me pegar. O melhor que posso fazer é fugir para os filisteus”. Davi está exausto. Ele passa anos fugindo sob intensa pressão. Parecia que seu fim estava próximo e que ele nunca sobreviveria às ameaças de Saul. Em seu estado mental exausto, ele vê a morte como a única opção. Em vez de parar para conversar as coisas com Deus, Davi continuou pensando consigo mesmo e tomou uma decisão precipitada que levou a ele, sua família e seus companheiros soldados a problemas ainda maiores. Pouco antes disso, Davi tinha certeza de que Deus protegia sua vida (1 Samuel 24:15). Abigail assegurou-lhe que isso era verdade (1 Samuel 25:29). Mas agora Davi fala da morte como uma realidade iminente se não fugir para a terra dos filisteus, que são os arqui-inimigos de Israel (27:1). Davi havia declarado anteriormente que Saul pereceria (26:10). Depois *de refletir,* ele diz que *é ele* quem perecerá. Embora Davi tenha implorado ao rei que não o expulsasse de seu país natal, agora ele se vê obrigado a fugir, apesar de Saul ter lhe dado certas garantias de segurança.

156. Bob Deffinbaugh, *Um estudo de I Samuel: Um passo à frente e dois atrás (1 Samuel 27:1-28:2) ou O que um homem como você faz em um lugar como este?*, Bible.org, consultado em julho de 2023, https://bible.org/seriespage/one-step-forward-and-two-back-ward-1-samuel-271-282-or-what-s-man-you-doing-place.

157. A comunidade de Davi apoiava e ajudava Davi a manter esse hábito. Parte de sua rotina real consistia em copiar à mão a Torá, os cinco primeiros livros da Bíblia, na companhia de um sacerdote, e lê-la diariamente. O processo é descrito em Deuteronômio 17:18-20, TLB. E quando você for coroado e se sentar em seu trono como rei, deverá copiar essas leis do livro que os sacerdotes levitas guardam. Essa cópia das leis será sua companheira constante. Você deveria lê-la todos os dias da sua vida para aprender a respeitar o Senhor seu Deus, obedecendo a todos os seus mandamentos. Essa leitura regular das leis de Deus o impediria de se sentir superior aos seus concidadãos. Também o impediria de se desviar das leis de Deus, nem que fosse minimamente, e lhe garantiria um reinado longo e próspero. Seus filhos o sucederiam então no trono.

158. Salmo 51:1. VOZ. Olha para mim com um coração misericordioso, ó Deus, de acordo com o teu amor generoso. De acordo com a tua grande compaixão, apaga *todas as consequências dos* meus *crimes vergonhosos*.

159. Salmo 38:5, 6, 8, 15, ESV. Minhas feridas apodrecem e infeccionam por causa da minha tolice, estou completamente abatido e prostrado; passo o dia todo lamentando-me. Estou fraco e esmagado; gemo pelo tumulto do meu coração. Mas por ti, ó Senhor, espero; és tu, ó Senhor, meu Deus, quem responderá.

160. Salmo 91:1-2, NKJV.

161. estresse tecnológico geralmente é impulsionado por cinco fatores: sobrecarga tecnológica, invasão tecnológica, complexidade tecnológica, insegurança tecnológica e incerteza tecnológica. A sobrecarga tecnológica refere-se à necessidade de processar

informações de várias tarefas simultaneamente usando dispositivos tecnológicos. A invasão tecnológica ocorre quando a tecnologia invade a vida pessoal e a privacidade, gerando a necessidade constante de estar conectado em qualquer lugar e a qualquer momento. A complexidade tecnológica é definida como a complexidade associada ao uso das tecnologias da informação e comunicação (TIC), o que implica dedicar tempo e esforço para aprender a utilizá-las de forma eficaz. A insegurança tecnológica é a sensação de que a tecnologia ameaça a estabilidade e a manutenção do emprego. A incerteza tecnológica provém das constantes atualizações e mudanças nas TIC.

162. Departamento de Saúde e Serviços Humanos dos Estados Unidos, Gabinete do Cirurgião-Geral dos Estados Unidos. *As redes sociais e a saúde mental dos jovens: Recomendação do Cirurgião-Geral dos Estados Unidos* (2023), 5-8. https://www.hhs.gov/sites/default/files/sg-youth-mental-health-social-media-advisory.pdf.

163. Ibid.

164. Sharon Horwood e Jeromy Anglim, "Problematic Smartphone Usage and Subjective and Psychological Well-Being" (Uso problemático do smartphone e bem-estar subjetivo e psicológico), *Computers in Human Behavior* 97 (2019): 44-50.

165. Salmo 139:1-6, NASB. Senhor, tu me examinaste e *me* conheces. Sabes quando me sento e quando me levanto; de longe compreendes os meus pensamentos. Tu examinas o meu caminho e o meu descanso, e conheces todos os meus caminhos. Antes mesmo de haver uma palavra na minha língua, eis que, Senhor, tu já a conheces. Tu me cercas por trás e pela frente, e colocas a

tua mão sobre mim. *Tal* conhecimento é maravilhoso demais para mim; é *muito* elevado, não posso compreendê-lo.

166. Salmo 139:23-24, TLB. Examina-me, ó Deus, e conhece o meu coração; prova os meus pensamentos. Mostra-me tudo o que encontrares em mim que te entristeça e guia-me pelo caminho da vida eterna.

167. 1 Pedro 4:8, ESV. Acima de tudo, continuem a amar-se sinceramente uns aos outros, pois o amor cobre uma multidão de pecados.

168. Veja Salmo 32.

169. Salmo 91:1,2, NKJV. Aquele que habita no lugar secreto do Altíssimo morará à sombra do Todo-Poderoso. Direi do Senhor: "*Ele é* meu refúgio e minha fortaleza; meu Deus, nele confiarei".

170. Isaías 9:6, NLT. Porque um menino nos nasceu, um filho nos foi dado. O governo repousará sobre os seus ombros. E será chamado: Conselheiro admirável, Deus poderoso, Pai eterno, Príncipe da paz.

171. Salmo 34:18, NLT. O Senhor está perto dos quebrantados de coração; resgata os abatidos de espírito. *Jehová-Rapha* tem o poder de curar fisicamente (Salmo 41:3), emocionalmente (Salmo 147:3), mentalmente (Daniel 4:34) e espiritualmente (Salmo 103:2-3). *Rapha* em em hebraico significa não apenas "curador", mas também "reparar, curar, restaurar completamente, tornar completo".

172. Lucas 8:18, NLT. Portanto, prestem atenção ao que ouvem. Àqueles que ouvirem meu ensinamento, será dado mais entendimento.

173. Efésios 3:16-19, NLT. Peço que, a partir de seus recursos gloriosos e ilimitados, ele os fortaleça com poder interior por meio do seu Espírito. 17 Então Cristo fará sua morada em seus corações, enquanto vocês confiam nele. Suas raízes crescerão no amor de Deus e os manterão fortes. 18 E que vocês tenham o poder de compreender, como todo o povo de Deus deve compreender, quão largo, quão longo, quão alto e quão profundo é o seu amor. 19 Que vocês experimentem o amor de Cristo, embora seja grande demais para compreendê-lo plenamente. Então vocês serão completados com toda a plenitude da vida e do poder que vem de Deus.

174. Tiago 1:5, Voz. Se você não tem toda a sabedoria necessária para esta jornada, basta pedir a Deus, e Ele lhe concederá tudo o que você precisa. Ele dá generosamente e nunca o repreende por pedir.

175. Tiago 3:17, NLT. Mas a sabedoria que vem do alto é, acima de tudo, pura. Ela também é pacífica, gentil em todos os momentos e disposta a ceder aos outros. É cheia de misericórdia e é fruto de boas obras. Não mostra favoritismo e é sempre sincera.

176. João 10:25, NLT. Minhas ovelhas ouvem a minha voz; eu as conheço e elas me seguem.

177. A. W. Tozer, *A busca por Deus* (Camp Hill, PA: Christian Publications, 1993), 49.

178. Salmo 40:6, MSG. Você abriu meus ouvidos para que eu possa ouvir.

179. Isaías 48:12-13, TLB. Ouçam-me, meu povo, vocês, meus escolhidos! Só eu sou Deus. Eu sou o Primeiro; eu sou o Último. Foi minha mão que lançou os fundamentos da terra; a palma da minha mão direita estendeu os céus; eu falei e eles foram criados. Venham todos e ouçam.

180. Dallas Willard, *Hearing God: Developing a Conversational Relationship with God* (Downers Grove, IL: InterVarsity Press, 1999), 9.

181. Frank Laubach e o irmão Lawrence, *Practicando sua presença*, Biblioteca de clássicos espirituais, vol. 1, ed. Gene Edwards (Georgia: The Seed Sowers, 1973), 46.

182. C. S. Lewis, *Mere Christianity* (Nova York: Macmillan, 1978), 167.

183. Romanos 12:1,2. MSG. Então, isto é o que eu quero que vocês façam, com a ajuda de Deus: peguem sua vida cotidiana e comum—dormir, comer, ir ao trabalho e passear—e a apresentem a Deus como uma oferta. Aceitar o que Deus faz por vocês é o melhor que podem fazer por Ele. Não se adapte tanto à sua cultura a ponto de se encaixar nela sem nem mesmo pensar. Em vez disso, fixe sua atenção em Deus. Você será transformado por dentro. Reconheça rapidamente o que Ele quer de você e responda prontamente. Ao contrário da cultura ao seu redor, que sempre o arrasta para o seu nível de imaturidade, Deus tira o melhor de você e desenvolve em você uma maturidade bem formada.

184. João 16:13-15, Voz. O Espírito da verdade virá e o guiará em toda a verdade. Ele não dirá suas próprias palavras, mas dirá o que ouvir, revelando-lhe as coisas que estão por vir e dando-me glória. O Espírito tem acesso ilimitado a mim, a tudo o que possuo e sei, assim como tudo o que o Pai tem é meu. Por isso, tenho certeza de que ele cuidará dos meus e lhe revelará o caminho.

185. Isaías 26:3, AMPC. Tu guardarás *e* manterás em perfeita e constante paz aquele cuja mente [tanto sua inclinação quanto seu caráter] permanece em ti, porque se compromete contigo, se apoia em ti *e* espera com confiança em ti.

186. Isaías 1:18, NASB.

187. C. S. Lewis, *Milagros* (Nova York: Harper One, 2001), 65.

188. Ibid., 65.

189. Tolkien, J. R., atribuição não identificada.

190. Isaías 53:17. NVI

191. Ef. 1:18-20, GNT. Peço que suas mentes se abram para ver a sua luz, para que conheçam a esperança para a qual ele os chamou, quão ricas são as maravilhosas bênçãos que ele promete ao seu povo, 19 e quão grande é o seu poder que opera em nós, os que cremos. Este poder que opera em nós é o mesmo que a grande força 20 que ele usou quando ressuscitou Cristo dentre os mortos e o sentou à sua direita no mundo celestial.

192. Salmo 34:18, Voice. Quando alguém está sofrendo ou tem o coração partido, o Eterno se aproxima e o revive em sua dor.

193. Lucas 11:9-13, MSB. Portanto, o que lhes digo é isto: na oração, aplica-se o mesmo princípio simples! Peçam e lhes será dado; busquem e encontrarão; chamem e lhes será aberto. Isso não é verdade apenas para vocês, meus amigos [como na parábola], mas também para aqueles que ainda são totalmente alheios à bondade do Pai. Todo aquele que pedir receberá; aquele que buscar encontrará; e aquele que bater, a porta lhe será aberta. Portanto, se vocês, mesmo dentro dos limites de uma sociedade religiosa terrena e baseada no desempenho, sabem dar aos seus filhos excelentes presentes que só lhes trarão benefícios, quanto mais certo é que seu Pai dará o Espírito Santo, proveniente de seus recursos celestiais ilimitados, a todos os que lho pedirem? ([1] A palavra ὑπάρχω 1huparchō, que aparece abaixo, sugere a dimensão terrena. [2] Mais uma vez, a palavra que muitas vezes é traduzida como "mau", 2ponēros, significa "cheio de dificuldades, trabalhos e aborrecimentos", o que descreve a típica sociedade religiosa baseada no desempenho).

194. Tiago 1:17, MSB. Sem exceção, os dons de Deus são apenas bons; sua perfeição não pode ser defeituosa. Eles vêm de cima [de onde nós viemos]; eles procedem como raios de luz de sua fonte, o Pai das luzes, com quem não há distorção, nem mesmo uma sombra de mudança que obstrua ou intercepte a luz; nem qualquer indício de uma agenda oculta. ([1] O princípio de um dom torna sem sentido a linguagem da recompensa. [2] A palavra anouthen significa "de cima". João 3:3, 13).

195. João 14:23, NLT. Jesus respondeu: Isso é muito mais do que uma simples observação casual, distante e suspeita, ou indiferente a mim; trata-se do desejo apaixonado e amoroso de alguém, que encontra seu descanso em mim; eles valorizarão minhas palavras

e encontrarão o amor de meu Pai refletido nelas, e meu Pai e eu apareceremos face a face diante deles e faremos nossa morada com eles. ([1] Amar apaixonadamente, αγαπαω 1agapaō de agō e paō, levar ao descanso [Salmo 23 em uma palavra]; esta palavra também está relacionada com a palavra hebraica para amor, אהב Ahab, amar com desejo apaixonado; como um coração que bate ou um peito que respira. Gênesis 22:2 O amor de Abraão por Isaque. Jeremias 31:3 Eu te amei com amor eterno; por isso te atraí com misericórdia. [2] E apareceremos [ἔρχομαι 2erchomai] face a face [pros] diante dele; [3] A preposição, 3pros, como em João 1:1, face a face; [4] Meu Pai e eu faremos nossa morada, 4mone, a mesma palavra grega que é traduzida como mansões na KJV no versículo 2 deste capítulo. Não é usada em nenhum outro lugar. A forma verbal, menō, sugere uma união perfeita. [João usa menō mais do que qualquer outra pessoa]. Como no capítulo seguinte, João 15:4. ...o ramo que permanece na videira. Deus não habita em edifícios construídos por mãos humanas: Deus não tem outro endereço além de "você", a vida humana; [5] A palavra 5para expressa a proximidade mais íntima possível; algo que provém de uma esfera de influência, com uma sugestão de união do local de residência, que surgiu de seu autor e doador, que se origina nele, denotando o ponto a partir do qual se origina uma ação, uma conexão íntima. A mesma constante que se desfruta na comunhão do Pai e do Filho é sua. Jesus respondeu: Todos os que me amam farão o que eu digo. Meu Pai os amará, e nós viremos e faremos nossa morada com cada um deles.

196. Laubach, Frank e o irmão Lorenzo. *Praticando sua presença*. Biblioteca de clássicos espirituais, vol. 1. Geórgia: The Seed Sowers, 1973, 22.

Capítulo 15

197. Lewis, C. S. *Uma pena em observação*. Nova York: Harper One, 2015, 9-10.

198. João 10:10, ESV. O ladrão só vem para roubar, matar e destruir. Eu vim para que tenham vida e a tenham em abundância.

199. Warren, Tish Harrison, 2021. *Oração noturna para aqueles que trabalham, velam ou choram*. InterVasity Press, Downers Grove, Illinois, p. 161.

200. 2 Reis 1:16, NLT. Isto é o que diz o Senhor: Por que enviou mensageiros a Baal-zebub, o deus de Ecrom, para perguntar se você vai se recuperar? Não há Deus em Israel para responder à sua pergunta?

201. Hab. 2:1-4, NLT. Subirei à minha torre de vigia e ficarei no meu posto de guarda. Lá esperarei para ver o que o Senhor diz e como responderá à minha queixa. Então o Senhor me disse: "Escreva minha resposta claramente em tábuas, para que um mensageiro possa levar a mensagem correta aos outros. Esta visão é para um tempo futuro. Ela descreve o fim e se cumprirá. Se parecer demorar, espere com paciência, porque sem dúvida se cumprirá. Não se atrasará.

202. Col. 2:2, AMPC. Nele estão guardados *e* ocultos todos os tesouros da sabedoria [divina] (uma visão completa dos caminhos e propósitos de Deus) e [todas as riquezas do conhecimento *e* da iluminação espirituais]; Col. 2:2, MSB. O mandato do meu ministério é que o coração de todos desperte para sua verdadeira identidade, entrelaçada na tapeçaria do amor. Isso os lançará

em uma vida na qual conhecerão a riqueza de cada conclusão e testemunho conjunto ocultos no mistério de Deus, que nos gerou e nos revelou em Cristo. ([1] A palavra 1parakaleō é frequentemente traduzida como consolo, de para, uma preposição que indica proximidade; algo que provém de uma esfera de influência, com uma sugestão de união de local de residência; ter surgido de seu autor e doador; originado em, denotando o ponto a partir do qual uma ação se origina; conexão íntima; e kaleō, dar apelido, identificar pelo nome, chamar pelo nome. [2] A frase 2sumbibatzō em agapē significa entrelaçado na tapeçaria do amor; [3] e a palavra σύνεσις 3sunesis, de suniemi, significa ver ou compreender em conjunto; um fluir juntos como duas correntes, uma fusão perfeita, uma união de pensamentos. Sugere a compreensão e o entendimento que se produzem ao comparar e combinar coisas.

203. I Cor. 12:6-11, AMP. E há formas [distintas] de trabalhar [para alcançar coisas], mas é o próprio Deus que produz todas as coisas em todos os crentes [inspirando-os, energizando-os e capacitando-os]. Mas a cada um é dada a manifestação do Espírito [a iluminação espiritual e a capacitação do Espírito Santo] para o bem comum. A um é dado pelo Espírito [Santo [o poder de falar] a mensagem de sabedoria, e a outro [o poder de expressar] a palavra de conhecimento *e* entendimento segundo o mesmo Espírito; a outro [a fé que opera milagres] [é dada] pelo mesmo Espírito [Santo], e a outro os dons [extraordinários] de cura pelo único Espírito; e a outro, a operação de milagres, e a outro, profecia [predição do futuro, transmissão de uma nova mensagem de Deus ao povo], e a outro, discernimento de espíritos [a capacidade de distinguir a doutrina sã e piedosa da doutrina enganosa das religiões e cultos criados pelo homem], a outro,

vários tipos de línguas [desconhecidas], e a outro, interpretação de línguas. Todas essas coisas [os dons, as realizações, as habilidades, o poder] são obra do mesmo Espírito [Santo], que distribui a cada um individualmente, segundo a sua vontade.

204. Isaías 61:3, NLT. A todos os que choram em Israel, ele dará uma coroa de beleza em vez de cinzas, uma bênção alegre em vez de choro, louvor festivo em vez de desespero. Em sua justiça, eles serão como grandes carvalhos que o Senhor plantou para sua própria glória.

205. R. Laird Harris, Gleason L. Archer e Bruce K. Waltke, eds., *Theological Wordbook of the Old Testament* (Chicago: Moody Press, 1980). *Shema (שָׁמַע)*–Entrada nº 2443. Jesus reflete a visão hebraica neste versículo. No pensamento hebraico, "obedecer" não se refere apenas ao cumprimento, mas a uma escuta atenta que leva à ação. É profundamente relacional. Quando Deus diz: "Ouça, Israel..." (Deuteronômio 6:4), a palavra usada é *Shema, e* significa: Ouvir + Compreender + Interiorizar + Responder com confiança e ação. Obedecer envolve o coração, a mente e a vontade, não apenas o comportamento externo. Reflete um relacionamento baseado no amor, não no cumprimento legalista.

206. João 14:21, TLB. Veja também João 14:20-21, em The Mirror Study Bible, MSB. Eu estou em meu Pai, vocês estão em mim e eu estou em vocês. (A encarnação não divide a Trindade; a encarnação celebra a inclusão redimida da humanidade). Imagine quatro círculos que se encaixam uns nos outros: o círculo externo é o Pai, depois Jesus no Pai, depois nós em Jesus e o Espírito Santo em nós. Isso significa uma unidade íntima e inseparável. Observe que não é o nosso conhecimento que coloca Jesus no Pai

ou nós neles ou o Espírito de Cristo em nós. Nosso conhecimento simplesmente nos desperta para a realidade de nossa unidade redimida. O ouro não se torna ouro quando é descoberto, mas sem dúvida se torna moeda de troca. Versículo 21: Quem quer que 1ressoe e 2tesoure a 3plenitude do meu propósito profético não pode deixar de se apaixonar por mim e também se encontrar participando plenamente do amor do meu Pai, e eu amarei essa pessoa e me revelarei de maneira clara e real a cada um deles individualmente. Neste abraço de união inseparável, o amor governa. ([1] A intimidade não é o resultado de um escrutínio suspeito, mas o fruto inevitável da confiança. 1echō, ter; sustentar; ressoar. [2] A palavra 2tereō significa tesouro; salvaguardar. [3] A palavra 3entolē, frequentemente traduzida como mandamento, preceito ou atribuição, tem dois componentes, en, em e telos, de tellō, estabelecer um ponto ou meta definida; propriamente, o ponto ao qual se aponta como limite, ou seja, por implicação, a conclusão de um ato ou estado, o resultado; o propósito final ou profético. Strong 5056).

Capítulo 16

207. Ver Dallas Willard, Renewing the Christian Mind (Nova York: Harper One, 2016), 158-160, para conhecer seus escritos sobre a massa cinzenta e a alma e compreender melhor a relação entre a mente e o cérebro.

208. Mateus 18:19-20, AMP. Digo-vos novamente que, se dois crentes na terra concordarem [ou seja, estiverem de acordo, em harmonia] sobre qualquer coisa que pedirem [dentro da vontade de Deus], isso lhes será feito por meu Pai que está nos céus. Pois onde dois

ou três se reunirem em meu nome [reunindo-se como meus seguidores], ali estou eu entre eles.

209. 1 João 4:18, NIRV. No amor não há medo. Pelo contrário, o amor perfeito expulsa o medo.

210. João 10:10, AMP. O ladrão só vem para roubar, matar e destruir. Eu vim para que tenham vida *e* a desfrutem, e a tenham em abundância [em plenitude, até transbordar].

211. ladrão vem apenas para roubar, matar e destruir. Eu vim para que tenham vida e a desfrutem, e a tenham em abundância [em plenitude, até transbordar].

212. Colossenses 4:2, NLT. Dedique-se à oração com uma mente alerta e um coração agradecido. 1 Pedro 5:8, MSG. Mantenha a cabeça fria. Esteja alerta. O diabo está pronto para atacar, e nada lhe agradaria mais do que pegá-lo desprevenido. Fique atento. Você não é o único que está passando por tempos difíceis. O mesmo acontece com os cristãos em todo o mundo. Portanto, mantenham firme a sua fé. O sofrimento não durará para sempre. Não demorará muito para que este Deus generoso, que tem grandes planos para nós em Cristo—planos eternos e gloriosos!—, os recomponha e os coloque de pé para sempre. Ele tem a última palavra; sim, ele tem.

213. Dallas Willard, *Life Without Lack: Living in the Fullness of Psalm 23* (Nashville, TN: Thomas Nelson, 2018), 106.

214. Hebreus 4:15, NIRV. Temos um sumo sacerdote que pode sentir quando estamos fracos e sofrendo. Hebreus 4:15, AMPC. Porque não temos um sumo sacerdote que seja incapaz de compreender,

simpatizar e compartilhar nossos sentimentos de fraqueza *e* fragilidade.

215. Romanos 8:26-27, J. B. Phillips. O Espírito de Deus não apenas mantém essa esperança em nós, mas nos ajuda em nossas limitações atuais. Por exemplo, não sabemos como orar dignamente como filhos de Deus, mas o seu Espírito dentro de nós está orando por nós nesses anseios agonizantes que nunca encontram palavras. E Deus, que conhece os segredos do coração, compreende, é claro, a intenção do Espírito quando ora por aqueles que amam a Deus.

216. Ver John Piper, "Ele nos ajuda em nossa fraqueza", série de duas partes, *Desiring God*, https://www.desiringgod.org/messages/the-spirit-helps-us-in-our-weakness-part-1 e https://www.desiringgod.org/messages/the-spirit-helps-us-in-our-weakness-part-2. Anime-se, porque a obra de Deus em você não se limita ao que você pode entender e expressar com palavras. Deus criou o universo e tudo o que nele há para mostrar as riquezas da glória da sua graça. Deus recebe glória porque nossos corações se tornam o cenário dessa atividade divina, de modo que conhecemos e experimentamos a intercessão misericordiosa de Deus por nós e Lhe damos graças conscientemente (Romanos 9:23).

217. Salmo 34:10, NKJV. Mas aqueles que buscam o Senhor não terão falta de nenhum bem; Salmo 34:10, Voice. Mas aqueles que se propõem a conhecer o Deus eterno terão tudo o que precisam.

218. João 1:14, AMP. O Verbo se fez homem e viveu aqui conosco. Vimos a sua verdadeira glória, a glória do Filho único do Pai. Dele nos chegaram os dons completos da graça e da verdade imerecidas.

219. Apocalipse 7:14, AMP. A salvação [pertence] ao nosso Deus que está sentado no trono e ao Cordeiro [nossa salvação é dada pela Trindade, e à Trindade devemos nossa libertação]. A palavra salvação inclui a ideia de cura.

220. Isaías 65:24, TLV. E acontecerá que, antes que clamem, eu responderei, e enquanto ainda estiverem falando, eu os ouvirei.

221. Salmo 141:8,9, Voice. Meu olhar está fixo em ti, Eterno, meu Senhor; em ti encontro *segurança e* proteção. Não *me abandones nem* me deixes indefeso. Protege-me das garras da armadilha que meus inimigos me prepararam e das redes dos que praticam o mal.

222. Veja Jó 13:3-5, 13, ESV. Lucas 4:35, ESV.

223. Salmo 43:2-4, NLT. Por que devo vagar aflito, oprimido pelos meus inimigos? Envie a sua luz e a sua verdade; que elas me guiem. Que elas me conduzam ao seu santo monte, ao lugar onde você habita; João 1:14, NVI. E o Verbo se fez carne e habitou entre nós. Vimos a sua glória, a glória do único Filho, que veio do Pai, cheio de graça e de verdade.

224. Salmo 32:10, NLT. O amor inabalável envolve aqueles que confiam no Senhor.

225. Tiago 1:5, Voice. Se você não tem toda a sabedoria necessária *para esta jornada*, basta pedir a Deus, e Ele lhe concederá tudo o que você precisa. Ele dá generosamente e nunca repreende você por pedir.

226. João 5:19, 20, MSB. Jesus explicou com toda a certeza que tudo o que você vê o Filho fazer é um reflexo do Pai: ele não age independentemente de seu Pai, mas o olhar do Filho está fixo em interpretar com precisão e repetir o que vê seu Pai fazer. Um revela o outro sem concessões ou distrações. (A encarnação não interrompe o que era a Palavra desde o início: cara a cara com Deus). Porque o Pai e o Filho são os melhores amigos. Eles não têm segredos; o Pai conta com prazer ao Filho tudo o que faz e continuará a mostrar-lhe obras de grande importância, que o surpreenderão. (O Pai ama [phileo] o Filho com carinho).

227. John Mark Comer. *Praticando o Caminho: Estar com Jesus, tornar-se como Ele, fazer o que Ele fez* (Colorado Springs: Waterbrook, 2024), 4. Mateus 11:30, AMPC. Meu jugo é saudável (útil, bom, não duro, severo, agudo ou opressivo, mas confortável, amável e agradável), e meu fardo é leve e fácil de carregar. "Jugo" é uma expressão hebraica que se refere ao conjunto de ensinamentos de um rabino, sua maneira de ler as Escrituras, sua opinião sobre como prosperar como ser humano no bom mundo de Deus. Há mais recursos disponíveis em practicingtheway.org.

228. Filipenses 2:13, MSG. Seja enérgico em sua vida de salvação, reverente e sensível diante de Deus. Essa energia é a energia *de Deus*, uma energia que está no mais profundo de você, o próprio Deus desejando e trabalhando no que lhe dará mais prazer.

229. Ezequiel 11:19-20, AMPC: E lhes darei um único coração [um coração novo] e colocarei um espírito novo dentro deles; e tirarei da sua carne o coração de pedra [endurecido de forma antinatural] e lhes darei um coração de carne [sensível e receptivo

ao toque do seu Deus], para que andem nos meus estatutos e guardem as minhas ordenanças e as cumpram. E eles serão o meu povo, e eu serei o seu Deus.

230. Provérbios 18:20-21, NVI. Do fruto da sua boca se sacia o estômago do homem; com o fruto dos seus lábios se sacia. A língua tem poder de vida e morte, e aqueles que a amam comerão o seu fruto.

231. Filipenses 1:6, MSG. Nunca tive a menor dúvida de que o Deus que começou esta grande obra em vocês a continuará e a levará a bom termo...

232. Jeremias 32:41, NLT. E farei uma aliança eterna com eles: nunca deixarei de lhes fazer o bem. Colocarei em seus corações o desejo de me adorar, e eles nunca me abandonarão. Encontrarei alegria em fazer-lhes o bem; João 15:11, AMP. Eu lhes disse essas coisas para que minha alegria e meu deleite estejam em vocês, e para que a alegria de vocês seja plena, completa e transbordante.

233. Mateus 9:12, 13, AMPC. Mas quando Jesus ouviu *isso*, disse: "Os que estão saudáveis não precisam de médico, mas [apenas] os que estão doentes. Ide e aprendei o que significa [esta Escritura]: "Desejo misericórdia [para aqueles que estão em angústia], e não sacrifícios [animais]", porque não vim chamar [ao arrependimento] os [autoproclamados] justos [que não veem a necessidade de mudar], mas os pecadores [aqueles que reconhecem seu pecado e buscam ativamente o perdão].

234. Salmo 91:15, ESV. Quando ele me chamar, eu lhe responderei; estarei com ele na angústia; eu o resgatarei e o honrarei. Salmo

118:5, ESV. Na minha angústia, invoquei o Senhor; o Senhor me respondeu e me libertou.

235. Isaías 65:24, TLB. Eu lhes responderei antes mesmo que me chamem. Enquanto ainda estiverem me falando de suas necessidades, eu já terei respondido às suas orações.

236. Jeremias 33:2-3, ESV. Assim diz o Senhor, que fez a terra, o Senhor, que a formou para estabelecê-la; o Senhor é o seu nome. Clame a mim, e eu lhe responderei, e lhe revelarei coisas grandes e ocultas que você não conhece.

237. Lucas 9:23, The MSG. Jesus disse-lhes o que podiam esperar para si mesmos: "Quem quiser vir comigo tem que deixar que eu o guie. Não é você quem manda, mas eu. Não fuja do sofrimento, aceite-o. Siga-me e eu lhe ensinarei como fazer isso".

Capítulo 17

238. A apraxia é um problema de fala causado pela incapacidade do cérebro de enviar as instruções corretas de movimento para a língua, a boca e a mandíbula. É um problema comum entre pessoas com síndrome de Down.

239. Salmo 121:3, ESV. Aquele que te guarda não dormirá. Veja também o Salmo 103.

240. Jó 33:15, NLT. Ele fala em sonhos, em visões noturnas, quando o sono profundo cai sobre as pessoas enquanto elas estão deitadas em suas camas.

241. Hebreus 5:14, MSB. Este é o alimento dos maduros. São aqueles que têm suas faculdades de percepção treinadas com precisão gimnástica para distinguir o relevante do irrelevante.

Capítulo 18

242. Salmo 31:9, 10, 14, 15, NVI. Tem misericórdia de mim, Senhor, porque estou angustiado; meus olhos enfraquecem de dor, minha alma e meu corpo de aflição. Minha vida se consome na angústia e meus anos em gemidos; minhas forças falham por causa da minha aflição, e meus ossos enfraquecem. Mas confio em ti, Senhor; digo: "Tu és o meu Deus. Meus tempos estão em tuas mãos".

243. 1 Coríntios 12:7, ESV. A cada um é dada a manifestação do Espírito para o bem comum.

Capítulo 19

244. Bessel A. Van der Kolk, *O corpo leva a conta: cérebro, mente e corpo na cura do trauma* (Nova York: Viking Press, Penguin Random House, 2014), 17.

245. A. W. Tozer, *O Conhecimento do Santo* (Nova York: Harper Collins, 1961), 1.

246. Ruth Burrows, *Essência da Oração* (Hidden Springs, 2006), 1.

247. João 5:17, 19-20 NLT. Jesus respondeu: "Meu Pai está sempre trabalhando, e eu também... Em verdade vos digo que o Filho não pode fazer nada por si mesmo. Ele só faz o que vê o Pai fazer.

Tudo o que o Pai faz, o Filho também faz. Porque o Pai ama o Filho e lhe mostra tudo o que faz. Na verdade, o Pai lhe mostrará como fazer obras ainda maiores do que curar este homem. Então vocês ficarão realmente surpresos.

248. Ruth Burrows, *Ibid.*, 2.

249. 2 Coríntios 3:18, ESV. E todos nós, com o rosto descoberto, contemplando a glória do Senhor, somos transformados à sua imagem, de glória em glória. Porque isso vem do Senhor, que é o Espírito.

250. Miquéias 7:9, TLB. Deus me tirará da minha escuridão para a luz, e eu verei a sua bondade.

251. Êxodo 20:6, NLT. Mas eu derramo meu amor inabalável por mil gerações sobre aqueles que me amam e obedecem aos meus mandamentos.

252. Hebreus 12:13, MSB. Livre-se de todos os obstáculos que possam fazer você tropeçar e torcer o tornozelo. Não deixe que lesões recorrentes o obriguem a abandonar a corrida. Recupere-se e continue correndo. Não permita que velhas mentalidades legalistas o façam tropeçar novamente.

253. Para obter um guia passo a passo sobre essa ferramenta natural de calma e concentração aguda usada por equipes de operações especiais em situações de alto risco, visite https://www.pamvredevelt.com/free-resources

254. Isaías 26:3, NLT. Você manterá em perfeita paz todos aqueles que confiam em você, todos aqueles que têm seus pensamentos fixos em você!

255. Salmo 23:6, NLT. Certamente a tua bondade e o teu amor inabalável me seguirão todos os dias da minha vida, e eu viverei na casa do Senhor para sempre.

256. Romanos 8:1, NLT. Portanto, agora não há condenação para aqueles que pertencem a Cristo Jesus.

257. Hebreus 10:19-23, ERV. Portanto, irmãos e irmãs, somos completamente livres para entrar no Santo dos Santos (o lugar espiritual onde Deus vive e é adorado). Podemos fazê-lo sem medo, graças ao sacrifício de sangue de Jesus. Entramos por um novo caminho que Jesus nos abriu. É um caminho vivo que conduz através do véu, o corpo de Cristo... Aspergidos com o sangue de Cristo, nossos corações foram libertos de uma consciência culpada, e nossos corpos foram lavados com água pura. Portanto, aproximem-se de Deus com um coração sincero, cheios de confiança graças à nossa fé em Cristo. Devemos nos apegar à esperança que temos, sem nunca hesitar em compartilhá-la com os outros. Podemos confiar que Deus cumprirá o que prometeu.

258. Isaías 53:3-5, ESV. Ele foi desprezado e rejeitado pelos homens, homem de dores e experiente em sofrimentos; certamente ele levou nossas doenças e carregou nossas dores... sobre ele recaiu o castigo que nos trouxe paz, e por suas feridas fomos curados.

259. Gênesis 16:13, Voice. Como resultado desse encontro, Hagar decidiu dar um nome espccial ao Eterno que lhe falara, porque

Ele a vira em sua miséria. Hagar: Eu te chamarei Deus que vê, porque neste lugar vi aquele que cuida de mim; AMPC. Então Hagar chamou o Senhor que lhe falara: "Tu és o Deus que vê", porque disse: "Não vi aqui, no deserto, Aquele que me vê e sobrevivi? Ou será que aqui também vi os propósitos ou desígnios futuros daquele que me vê?".

260. Isaías 45:3, TLB. E eu te darei tesouros escondidos na escuridão, riquezas secretas; e você saberá que sou eu quem está fazendo isso, eu, o Senhor, o Deus de Israel, aquele que te chama pelo seu nome.

261. Isaías 49:15-16, EHV. Pode uma mulher esquecer a criança que amamenta e não ter misericórdia do filho do seu ventre? Mesmo que essas mulheres pudessem esquecer, eu nunca te esquecerei. Veja, eu te gravei nas palmas das minhas mãos. Suas muralhas nunca estão fora da minha vista.

262. João 10:29, MSG. Minhas ovelhas reconhecem a minha voz. Eu as conheço e elas me seguem. Eu lhes dou vida verdadeira e eterna. Elas estão protegidas do Destruidor para sempre. Ninguém pode arrebatá-las da minha mão. O Pai, que as colocou sob meus cuidados, é muito maior do que o Destruidor e o Ladrão. Ninguém poderia separá-las dele. O Pai e eu somos um em coração e mente.

263. Romanos 8:38, 39, NLT. E estou convencido de que nada pode nos separar do amor de Deus. Nem a morte, nem a vida, nem os anjos, nem os demônios, nem nossos medos pelo presente, nem nossas preocupações pelo futuro, nem mesmo os poderes do inferno podem nos separar do amor de Deus. Nenhum poder no céu acima ou na terra abaixo, na verdade, nada em toda a criação

poderá nos separar do amor de Deus que se revela em Cristo Jesus, nosso Senhor.

264. Salmo 23:6, AMP. Certamente, a bondade, a misericórdia e o amor inabalável me seguirão todos os dias da minha vida, e eu habitarei para sempre [durante todos os meus dias] na casa *e* na presença do Senhor.

265. 2 Crônicas 16:9, NLT.

266. Isaías 61:1-3, TLB. O Espírito do Senhor Deus está sobre mim, porque o Senhor me ungiu para levar boas novas aos que sofrem e estão aflitos. Ele me enviou para consolar os quebrantados de coração, para anunciar liberdade aos cativos e abrir os olhos dos cegos. Ele me enviou para dizer aos que choram que chegou o tempo da misericórdia de Deus para eles e o dia da sua ira para os seus inimigos. A todos os que choram... Ele dará: beleza em vez de cinzas; alegria em vez de choro; louvor em vez de tristeza. Porque Deus os plantou como carvalhos fortes e elegantes para sua própria glória.

267. Romanos 14:17, NLT. Porque o Reino de Deus é... viver uma vida de bondade, paz e alegria no Espírito Santo.

268. Tiago 1:17, Voice. Todo dom bom que nos é concedido, todo dom perfeito que recebemos, vem de cima, por cortesia do Pai das luzes. Ele *é coerente*. Ele não mudará de opinião nem jogará truques nas sombras.

269. Jeremias 31:33, MSG. Colocarei minha lei dentro deles, a escreverei em seus corações, e serei o seu Deus. E eles serão o meu povo. Eles não irão mais criar escolas para ensinar uns aos outros

sobre Deus. Eles me conhecerão em primeira mão, os desajeitados e os brilhantes, os inteligentes e os lentos. Apagarei o passado de cada um deles. Esquecerei que eles alguma vez pecaram! Decreto de Deus.

Capítulo 20

270. Salmo 55:22, AMP. Lance sua carga sobre o Senhor, liberte-se dela, e Ele o sustentará *e* manterá; nunca permitirá que os justos sejam abalados (escorreguem, caiam, fracassem).

271. João 16:27, AMP. "O próprio Pai te ama [ternura], porque tu me amaste e creste que eu vim do Pai".

272. João 14:21, AMP. "Quem tem os meus mandamentos e os guarda, esse é o que realmente me ama; e quem realmente me ama será amado por meu Pai, e eu o amarei e me revelarei a ele; me tornarei real para ele".

273. Gênesis 16:13, AMPC. Então ela chamou o Senhor que lhe falara: "Tu és o Deus que vê", porque disse: "Não aqui no deserto, eu permaneci viva depois de ver Aquele que me vê com compreensão e compaixão?"

274. 1 João 3:1, NVI. Vejam que grande amor o Pai nos deu, que sejamos chamados filhos de Deus! E é isso que somos!

275. Gálatas 4:5-7, The MSG. Assim, fomos libertados para experimentar nossa herança legítima. Você pode ter certeza de que agora é plenamente adotado como filho dele, porque Deus enviou o Espírito de seu Filho às nossas vidas clamando: "Pai! Pai!". Não fica claro para você, por esse privilégio de conversar intimamente

com Deus, que você não é escravo, mas filho? E se você é filho, você também é herdeiro, com pleno acesso à herança.

276. Gretchen Schmelzer, "The Healing Power of Poetry" (O poder curativo da poesia), blog *Journey Through Trauma*, 21 de abril de 2024, de *Journey Through Trauma: A Trail Guide Through the 5-Phase Cycle of Healing Repeated Trauma* (Viagem através do trauma: um guia para percorrer o ciclo de *cinco fases da cura do trauma repetido*) (Nova York: Avery, 2018).

277. James Nestor, Breath: *The New Science of a Lost Art* (A respiração: a nova ciência de uma arte *perdida*) (Nova York: Riverhead Books, 2020), 221. Respiração coerente: inspire suavemente por 5 ou 6 segundos, enchendo os pulmões enquanto expande o abdômen, depois expire lentamente por 5 ou 6 segundos. Repita dez ou mais vezes. Essa ferramenta leva o coração, os pulmões e a circulação a um estado de coerência, no qual os sistemas do corpo funcionam com a máxima eficiência. Para obter mais informações sobre respiração coerente e pesquisas relacionadas, consulte este livro.

278. Hebreus 11:6, NLT. E sem fé é impossível agradar a Deus. Qualquer pessoa que queira se aproximar dele deve acreditar que Deus existe e que recompensa aqueles que o buscam sinceramente.

279. 1 Pedro 1:2, AMPC. A vocês, que foram escolhidos e conhecidos de antemão por Deus Pai e consagrados (santificados) pelo Espírito para serem obedientes a Jesus Cristo (o Messias) e serem aspergidos com o seu sangue: Que a graça (bênção espiritual) e paz sejam dadas em abundância crescente, para que a paz espiritual se realize em e através de Cristo, a liberdade dos medos, das paixões agitadas e dos conflitos morais.

280. 1 Pedro 2:24, NKJV.

281. João 14:2, MSB. Jesus disse: "O que faz da casa do meu Pai um lar é o lugar que vocês ocupam nela. Se esta não fosse a conclusão definitiva da minha missão, por que eu me daria ao trabalho de fazer o que estou prestes a fazer, se não fosse para preparar um lugar para vocês? Eu vim para persuadi-los de que existe um lugar de perfeita unidade ao qual vocês pertencem".

282. Tiago 4:8, NLT.

Capítulo 21

283. Martha Graham criou uma técnica de dança que se tornou a primeira alternativa significativa ao balé clássico. Graham foi a primeira criadora de dança moderna a conceber uma técnica de dança verdadeiramente universal a partir dos movimentos que desenvolveu em sua coreografia. Sua linguagem de dança tinha como objetivo expressar emoções e experiências humanas compartilhadas, em vez de se limitar a oferecer uma exibição decorativa de movimentos elegantes. A Escola de Dança Contemporânea Martha Graham se destaca por ser a escola de dança mais antiga em funcionamento ininterrupto nos Estados Unidos. Ver Martha Graham Center of Contemporary Dance, "About Martha Graham", *Martha Graham Dance Company*, consultado em 30 de agosto de 2024, https://marthagraham.org/martha-graham/.

284. Cito Ruth Haley Barton com um pequeno ajuste, que disse com perspicácia: "O melhor presente que você pode dar às pessoas que você lidera é o seu eu transformado".

https://transformingcenter.org/strengthening-the-soul-of-your-leadership-podcast/

285. I Pedro 5:6-7, AMP. Portanto, humilhai-vos sob a poderosa mão de Deus [deixai de lado o orgulho farisaico], para que Ele vos exalte no momento oportuno, lançando sobre Ele todas as vossas preocupações (todas as suas ansiedades, todas as suas inquietações e todas as suas preocupações, de uma vez por todas), porque Ele se preocupa com vocês com o mais profundo afeto e cuida de vocês com muito cuidado.

286. 1 Pedro 5:6-7, AMP. Portanto, humilhai-vos sob a poderosa mão de Deus [deixai de lado o orgulho farisaico], para que Ele vos exalte no momento oportuno, lançando sobre Ele todas as vossas preocupações (todas as vossas ansiedades, todas as vossas inquietações e todas as vossas preocupações, de uma vez por todas), pois Ele se preocupa com vocês com o mais profundo afeto e cuida de vocês com muito cuidado.

287. Salmo 130:5-7, The MSG. Oro a Deus—minha vida é uma oração—e espero pelo que Ele dirá e fará. Minha vida está em jogo diante de Deus, meu Senhor, esperando e vigiando até a manhã, esperando e vigiando até a manhã... esperando e vigiando a Deus; com a chegada de Deus vem o amor, com a chegada de Deus vem a redenção generosa.

288. Hebreus 4:1, 5-16, NVI. Porque não temos um sumo sacerdote que não possa compadecer-se das nossas fraquezas, mas sim um que foi tentado em tudo, assim como nós, mas sem pecar. 16 Aproximemo-nos, pois, do trono da graça com confiança, para que recebamos misericórdia e achemos graça para ajudar em tempo de neccssidade.

289. Efésios 4:23, NLT. Em vez disso, deixem o Espírito renovar seus pensamentos e atitudes.

290. Jenny Donelly é autora, palestrante e fundadora do movimento Her Voice Movement (HVMT). Ela supervisiona os centros de oração onde as mulheres se reúnem uma vez por mês em casas por todo o país para orar que nossa nação volte para Deus e haja uma mudança positiva em todas as esferas da cultura.

291. Mateus 13:11-12, NLT. Jesus respondeu: "A vocês é permitido compreender os segredos do Reino dos Céus, mas a outros não. Aqueles que ouvem meu ensinamento receberão mais entendimento e terão conhecimento em abundância". I Coríntios 2:9-11, NLT. É isso que as Escrituras querem dizer quando dizem: "Nenhum olho viu, nenhum ouvido ouviu e nenhuma mente imaginou o que Deus preparou para aqueles que o amam". Mas foi a nós que Deus revelou essas coisas por meio do seu Espírito. Porque o seu Espírito sonda tudo e nos mostra os segredos mais profundos de Deus.

292. Is 45:3, NLT. E eu te darei tesouros escondidos na escuridão, riquezas secretas. Farei isso para que você saiba que eu sou o Senhor, o Deus de Israel, aquele que te chama pelo nome.

293. Prov. 8:14, 17-21, 34-35 AMP. O conselho é meu e a sabedoria sólida; eu sou o entendimento, o poder *e* a força são meus... Amo aqueles que me amam; e aqueles que me buscam cedo *e* com diligência me encontrarão. As riquezas e a honra estão comigo, a riqueza duradoura e a justiça (a retidão diante de Deus). Meu fruto é melhor do que o ouro, mesmo do que o ouro puro, e meu rendimento é melhor do que a prata mais seleta. Eu, [a Sabedoria, continuamente] caminho pela senda da justiça, no meio dos

caminhos da retidão, para que aqueles que me amam herdem riqueza e verdadeiras riquezas, e para que eu possa encher seus tesouros... Bem-aventurado [feliz, próspero, digno de admiração] é o homem que me ouve, que vigia diariamente às minhas portas, que espera nos meus limiares. Porque quem me encontra (à Sabedoria) encontra a vida e obtém o favor e a graça do Senhor.

294. Ef. 3:16, 18, 20, AMP. Que Ele lhes conceda, pelas riquezas da sua glória, serem fortalecidos *e* energizados espiritualmente com poder por meio do seu Espírito no seu ser interior, [que habita no mais profundo do seu ser e personalidade], 17 para que Cristo habite em seus corações por meio da sua fé... e [para que vocês cheguem a] conhecer [praticamente, por meio da experiência pessoal] o amor de Cristo, que excede [muito] o [mero] conhecimento [sem experiência], para que sejam cheios [em todo o seu ser] de toda a plenitude de Deus [para que tenham a mais rica experiência da presença de Deus em suas vidas, completamente cheios e inundados do próprio Deus]... que é capaz de [realizar Seu propósito e] fazer muito mais do que ousamos pedir ou pensar [infinitamente além de nossas maiores orações, esperanças ou sonhos], de acordo com Seu poder que opera em nós.

295. Isaías 61:3, TLB. A todos os que choram, Ele dará: beleza em vez de cinzas; alegria em vez de choro; louvor em vez de tristeza. Porque Deus os plantou como carvalhos fortes e elegantes para Sua própria glória.

296. Randy Alcorn, *A promessa da nova terra: Reflexões sobre o nosso lar eterno* (Sandy, Oregon: Eternal Perspectives Ministries, 2022). Veja também seu devocional, *50 dias no céu: reflexões que revelam a eternidade,* baseado em seu livro completo *O céu,* que li várias

vezes depois que Nathan se mudou para o céu. A lista completa dos livros de Alcorn pode ser encontrada em epm.org/books.

297. Agradecimento e reconhecimento ao meu amigo Paul Young por cunhar o termo "gênio redentor". Paul é o autor do best-seller *A Cabana: Onde a Tragédia Encontra a Eternidade* (Ventura, Califórnia: Windblown Media, 2007).

298. Veja mais detalhes e exemplos em 2 Coríntios :17, Joel 2:28, 29 e Atos 2:17, 18; Isaías 61 e Lucas 4:14-20; Ezequiel 3:12, Ezequiel 37, Ezequiel 43:4-6, 2 Pedro 1:21, João 3:8, Atos 3:39.

299. 2 Coríntios 4:6-10, 16-18, ICB. Deus disse uma vez: "Que a luz brilhe nas trevas!". E este é o mesmo Deus que fez brilhar a sua luz em nossos corações. Ele nos deu luz ao nos fazer conhecer a glória de Deus que está no rosto de Cristo. Temos esse tesouro de Deus. Mas somos apenas como vasos de barro que contêm o tesouro. Isso mostra que esse grande poder vem de Deus, não de nós. Temos problemas ao nosso redor, mas não somos derrotados. Não sabemos o que fazer, mas não desistimos. Somos perseguidos, mas Deus não nos abandona. Às vezes nos ferem, mas não nos destroem. Carregamos a morte de Jesus em nossos próprios corpos, para que a vida de Jesus também possa ser vista em nossos corpos. Por isso, não desistimos. Nosso corpo físico está ficando mais velho e fraco, mas nosso espírito interior se renova a cada dia. Temos pequenos problemas há muito tempo, mas eles estão nos ajudando a obter uma glória eterna. Essa glória é muito maior do que os problemas. Por isso, não fixamos nosso olhar no que vemos, mas no que não podemos ver. O que vemos durará apenas um breve tempo. Mas o que não podemos ver durará para sempre.

AGRADECIMENTOS

Este livro é fruto do trabalho de muitos corações e mãos. Não teria sido possível sem o amor, o apoio e o incentivo inabaláveis do meu marido, John, e dos nossos filhos adultos. Fiz o possível para agradecer a todos os que contribuíram ao longo do caminho e peço desculpas se, sem querer, deixei alguém sem mencionar.

Àqueles mencionados nas notas finais: obrigada. Suas ideias me desafiaram, inspiraram e levaram a pensar, explorar, questionar e depois repensar.

Aos meus sábios colegas que leram os primeiros rascunhos e ofereceram comentários reflexivos: Chuck Walker, Charles Kind, Mary Kruze, Jesse Vance, Craig Ancel, Marilyn Williams, Gail Gunstone e Kathie Kyono, suas opiniões ajudaram a moldar este manuscrito e torná-lo um presente ainda mais bonito para o leitor que decidir recebê-lo.

Aos talentosos criativos que trouxeram beleza visual a esta obra—Maddy Ferrara, Karen Bressel e Sarah Rodrigues—: sua arte elevou o coração e a mensagem de *Milagres Reparadores* a outro nível.

À minha editora principal, Judith, e à incrível equipe de pré-leitura—Joy Marsh, Donna Chaney, Debbie Woods e Carla Miller—, obrigada por suas inúmeras horas, seu olhar perspicaz e a elegância com que ajudaram a refinar cada linha e delicadamente apagar meus erros.

E, por último, meu sincero agradecimento a JJ Hebert e à equipe editorial da MindStir Media por tornar essa visão realidade: Bryna Warner, nossa diretora de projetos, o eixo central, que soube manter todas as peças móveis sincronizadas; Jesse, nosso designer-chefe de capas, e Dannica, nossa editora-chefe, por envolver a mensagem em uma beleza requintada; Monica Kelly, maga do marketing e da tecnologia, por sua visão estratégica; e Akayla Soliz, por usar de forma criativa as redes sociais para alcançar aqueles que mais precisam da esperança contida nestas páginas.

Cada um de vocês é um presente muito precioso.

RECURSOS POPULARES MAIS VENDIDOS DE PAM VREDEVELT

São as palavras mais temidas que
uma futura mãe pode ouvir.

À medida que a alegria e a ilusão se dissolvem
em confusão e dor, as perguntas dolorosas
se recusam a desaparecer:

Por que eu?
O que eu fiz de errado?
Deus se importa? E agora?

Com a cordialidade e a compaixão de uma conselheira profissional com vasta experiência e de uma mulher cristã que sofreu um aborto espontâneo, Pam Vredevelt oferece respostas sólidas, respaldadas pela neurociência, sabedoria atemporal e consolo bíblico às mulheres que desejam manter a fé e enfrentar de forma proativa essa situação dolorosa. O diário que acompanha Pam guia você com passos diários simples para liberar suavemente a dor e receber o amor curativo de Deus.

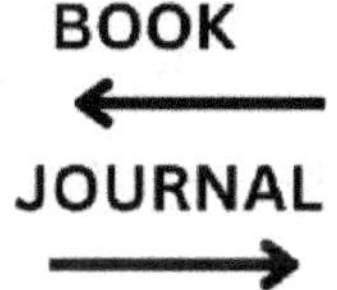

DIGITE O CÓDIGO QR PARA VER A CURA APÓS UMA GRAVIDEZ LOSS

Você sofreu a perda de seu bebê ou filho?

A tristeza, a culpa, a dor e a raiva ameaçam consumi-lo?

Sente que está a passar pelo luto sozinho e que ninguém compreende realmente o que está a psar?

CONVIDO VOCÊ A TRANSFORMAR O VAZIO O VAZIO DO LUTO PELOS ENCONTROS CURATIVOS DE DEUS E A PLENITUDE.

Em CURANDO SEUS BRAÇOS VAZIOS, percorreremos juntos um caminho de cura, passo a passo, através do seu luto. Você aprenderá a receber a graça de Deus e a liberar com segurança as emoções que muitas vezes ficam bloqueadas e enterradas em um coração partido. Você se equipará com ferramentas práticas baseadas na neurociência e nas Escrituras para processar sua perda e encontrar paz, cura e esperança.

ESPERANÇA E HUMOR PARA PAIS EXAUSTOS

Não é segredo que criar filhos é algo exaustivo e, muitas vezes, desgastante. Nada mudará as lutas desanimadoras que os pais enfrentam e as lágrimas que muitas vezes derramam. A rotina diária de fraldas sujas, jogos de futebol, eventos beneficentes e joelhos sangrando faz com que os pais precisem de um recurso que os anime, recarregue suas baterias e os reconecte com a fonte de sua verdadeira força. Com comentários bem-humorados e vinhetas comoventes para ler para seus filhos.

A autora best-seller Pam Vredevelt serve xícara após xícara de café expresso energizante para animar os pais exaustos e fazer toda a família rir.

SUA FERRAMENTA DE TRANSFORMAÇÃO DIÁRIA DE 5 MINUTOS

Digitalize para obter mais informações

www.ingramcontent.com/pod-product-compliance
Lightning Source LLC
LaVergne TN
LVHW020654110826
845149LV00012B/2000

* 9 7 8 0 9 9 7 6 8 7 6 8 2 *